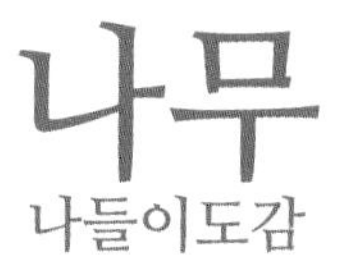
나무
나들이도감

세밀화로 그린 보리 산들바다 도감

나무 나들이도감

글 임경빈(서울대 명예교수), 김준호(서울대 명예교수), 김용심(자유기고가)
그림 이제호, 손경희
감수 임경빈
편집 김종현, 정진이
기획실 김소영, 김수연, 김용란
교정·교열 김용심
디자인 이안디자인
제작 심준엽
영업 나길훈, 안명선, 양병희, 조현정
독자 사업(잡지) 김빛나래, 정영지
새사업팀 조서연
경영 지원 신종호, 임혜정, 한선희
분해와 출력·인쇄 (주)로얄프로세스
제본 (주)상지사P&B

1판 1쇄 펴낸 날 2016년 1월 20일
1판 7쇄 펴낸 날 2023년 3월 9일
펴낸이 유문숙
펴낸 곳 (주) 도서출판 보리
출판등록 1991년 8월 6일 제 9–279호
주소 경기도 파주시 직지길 492 우편번호 10881
전화 (031)955–3535 / **전송** (031)950–9501
누리집 www.boribook.com **전자우편** bori@boribook.com

값 12,000원

보리는 나무 한 그루를 베어 낼 가치가 있는지 생각하며 책을 만듭니다.

ISBN 978-89-8428-891-1 06470 978-89-8428-890-4 (세트)
이 도서의 국립중앙도서관 출판시도서목록(CIP)은 서지정보유통지원시스템 홈페이지
(http://seoji.nl.go.kr)와 국가자료공동목록시스템(http://www.nl.go.kr/kolisnet)에서
이용하실 수 있습니다. (CIP 제어번호 : CIP2015029875)

세밀화로 그린 보리 산들바다 도감

보리

일러두기

1. 아이부터 어른까지 함께 볼 수 있도록 쉽게 썼다.
2. 나뭇잎 모양, 꽃 색깔, 열매 색깔로 나무를 찾을 수 있도록 만들었다.
3. 우리나라에 사는 토박이 나무와 흔한 나무 118종이 실려 있다.
4. 그림은 모두 살아 있는 나무를 보고 그렸다.
5. 나무는 분류하는 차례대로 실었다. 분류 순서는《대한식물도감》(1993), 《원색한국식물도감》(1997)과《조선식물지》(2000)를 참고했다.
6. 나무 이름과 학명은《국가표준식물목록》을 따랐다. 사람들이 흔히 쓰는 이름은 그대로 따랐다.

   앵도나무 → 앵두나무

7. 과명에 사이시옷은 적용하지 않았다.

   버드나뭇과 → 버드나무과

8. 맞춤법과 띄어쓰기는《표준국어대사전》을 따랐다.

9. 본문 보기

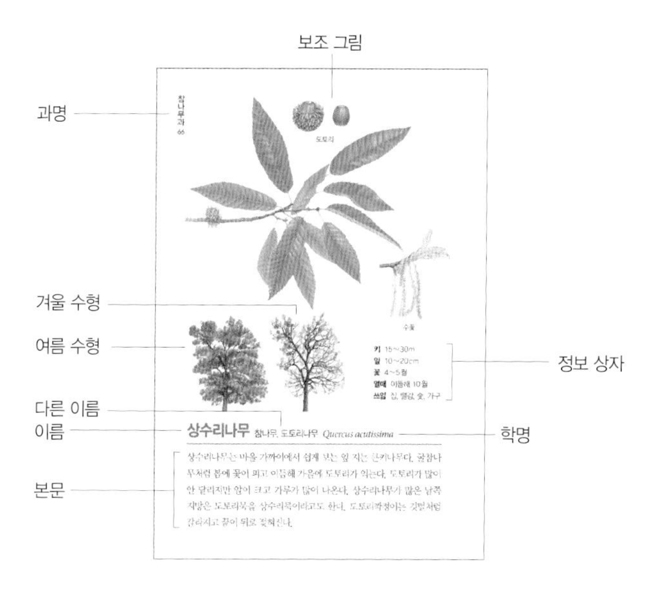

보조 그림
과명
참나무과
66
도토리
겨울 수형
여름 수형
수꽃
키 15~30m
잎 10~20cm
꽃 4~5월
열매 이듬해 10월
쓰임 집, 땔감, 숯, 가구
정보 상자
다른 이름
이름
상수리나무 참나무, 도토리나무 Quercus acutissima
학명
본문

나무
나들이도감

나무 더 알아보기

나무 생김새

찾아보기

그림으로 찾아보기

1. 잎 모양으로 찾기

1. 활엽수	1-1.	홑잎	둥근 잎	어긋나기	가장자리 톱니	상록 (6종)
	1-2.					낙엽(40종)
	1-3.				가장자리 밋밋	상록 (2종)
	1-4.					낙엽 (9종)
	1-5.			마주나기	가장자리 톱니	낙엽 (4종)
	1-6.				가장자리 밋밋	상록 (3종)
	1-7.					낙엽 (5종)
	1-8.		갈래 잎	어긋나기	가장자리 톱니	낙엽 (8종)
	1-9.			마주나기	가장자리 톱니	낙엽 (1종)
	1-10.				가장자리 밋밋	낙엽 (1종)
	1-11.	겹잎	손꼴겹잎	어긋나기	가장자리 톱니	낙엽 (2종)
	1-12.				가장자리 밋밋	낙엽 (3종)
	1-13.		깃꼴겹잎	어긋나기	가장자리 톱니	낙엽 (9종)
	1-14.				가장자리 밋밋	낙엽 (4종)
	1-15.			마주나기	가장자리 톱니	낙엽 (1종)
2. 침엽수	2-1.	바늘잎	다발 모양			상록 (7종)
	2-2.					낙엽 (1종)
	2-3.		깃 모양			상록 (6종)
	2-4.	비늘잎				상록 (3종)
3. 특수형						(1종)

2. 꽃 색깔로 찾기

1. 하얀색
2. 노란색
3. 풀색
4. 빨간색
5. 자주색
6. 밤색

3. 열매 색깔로 찾기

1. 빨간색
2. 까만색
3. 밤색
4. 노란색/풀색

잎 모양으로 찾기

1. 활엽수

1-1. 홑잎/둥근 잎/어긋나기/가장자리 톱니/상록

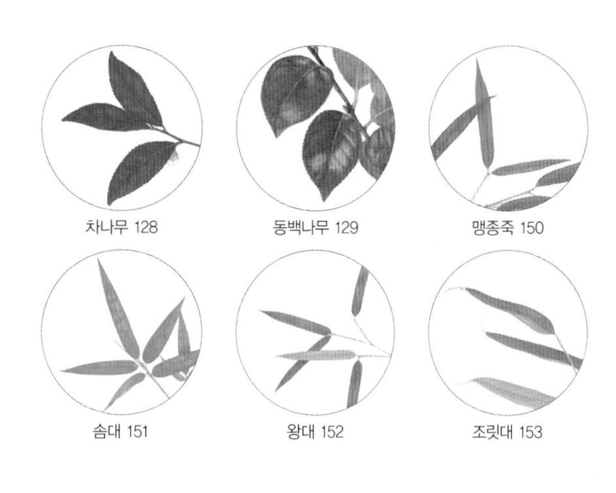

차나무 128　동백나무 129　맹종죽 150

솜대 151　왕대 152　조릿대 153

1-2. 홑잎/둥근 잎/어긋나기/가장자리 톱니/낙엽

미루나무 54

버드나무 55

자작나무 59

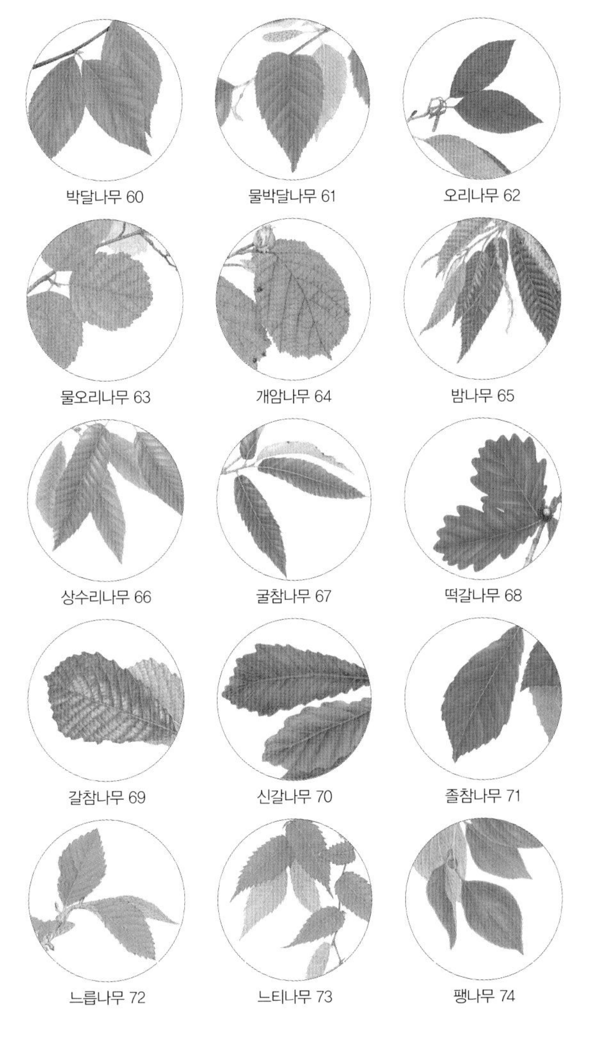

박달나무 60
물박달나무 61
오리나무 62
물오리나무 63
개암나무 64
밤나무 65
상수리나무 66
굴참나무 67
떡갈나무 68
갈참나무 69
신갈나무 70
졸참나무 71
느릅나무 72
느티나무 73
팽나무 74

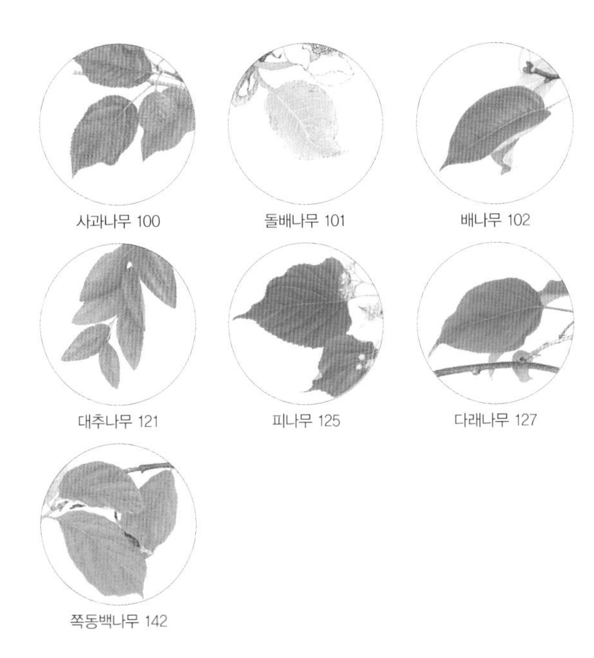

사과나무 100 돌배나무 101 배나무 102

대추나무 121 피나무 125 다래나무 127

쪽동백나무 142

1-3. 홑잎/둥근 잎/어긋나기/가장자리 밋밋/상록

유자나무 111

귤나무 112

1-4. 홑잎/둥근 잎/어긋나기/가장자리 밋밋/낙엽

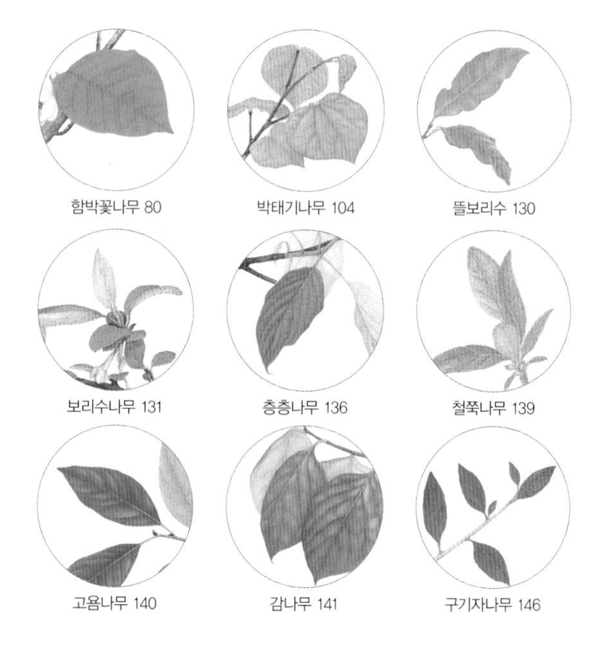

함박꽃나무 80
박태기나무 104
뜰보리수 130
보리수나무 131
층층나무 136
철쭉나무 139
고욤나무 140
감나무 141
구기자나무 146

1-5. 홑잎/둥근 잎/마주나기/가장자리 톱니/낙엽

고리버들 56

사철나무 117

화살나무 118

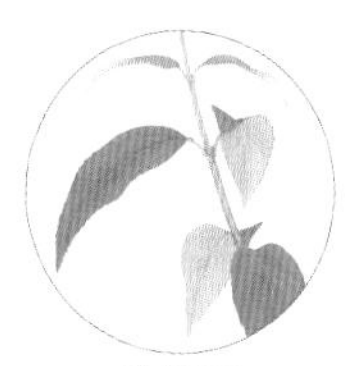
개나리145

1-6. 홑잎/둥근 잎/마주나기/가장자리 밋밋/상록

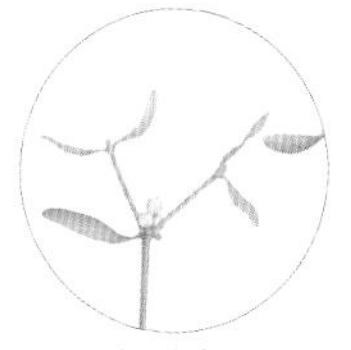
겨우살이 78

회양목 114

치자나무 148

1-7. 홑잎/둥근 잎/마주나기/가장자리 밋밋/낙엽

석류나무 132

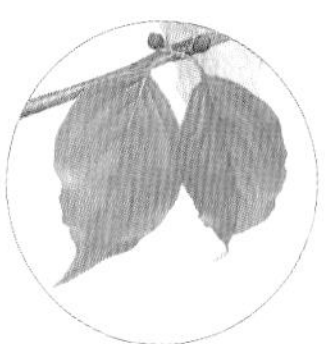
산수유 137

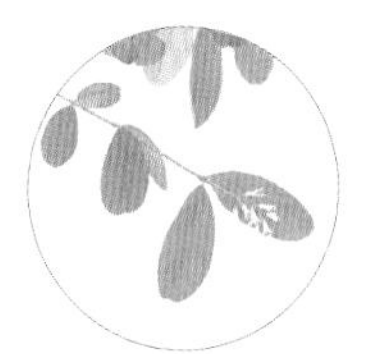
쥐똥나무 144

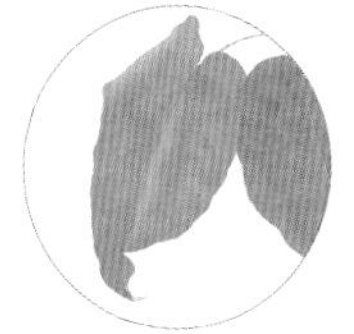
오동나무 147

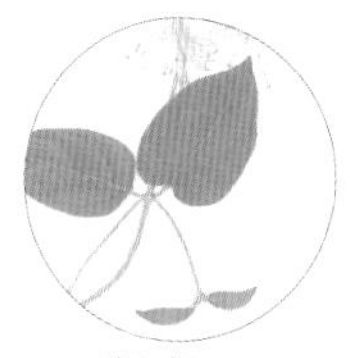
인동덩굴 149

1-8. 홑잎/갈래 잎/어긋나기/가장자리 톱니/낙엽

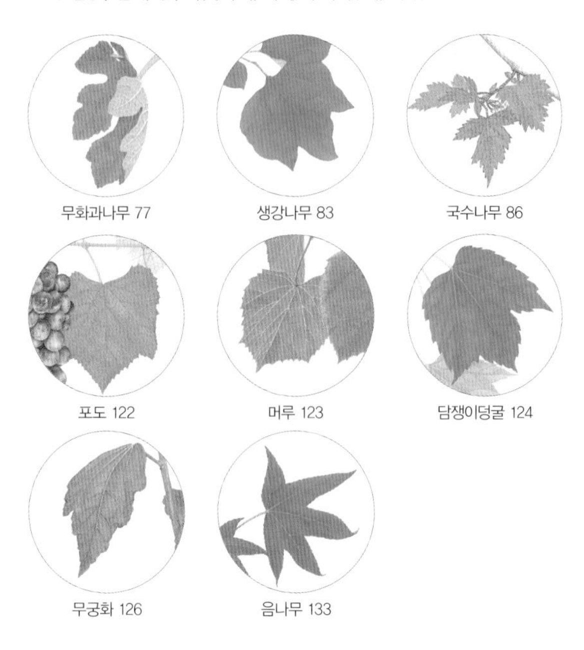

무화과나무 77

생강나무 83

국수나무 86

포도 122

머루 123

담쟁이덩굴 124

무궁화 126

음나무 133

1-9. 홑잎/갈래 잎/마주나기/가장자리 톱니/낙엽

단풍나무 120

1-10. 홑잎/갈래 잎/마주나기/가장자리 밋밋/낙엽

고로쇠나무 119

1-11. 겹잎/손꼴겹잎/어긋나기/가장자리 톱니/낙엽

탱자나무 110

오갈피나무 134

1-12. 겹잎/손꼴겹잎/어긋나기/가장자리 밋밋/낙엽

으름덩굴 79

싸리나무 106

칡 107

1-13. 겹잎/깃꼴겹잎/어긋나기/가장자리 톱니/낙엽

가래나무 57

복분자딸기 88

찔레나무 89

해당화 90

마가목 103

산초나무 109

참죽나무 113

붉나무 115

두릅나무 135

1-14. 겹잎/깃꼴겹잎/어긋나기/가장자리 밋밋/낙엽

호두나무 58

회화나무 105

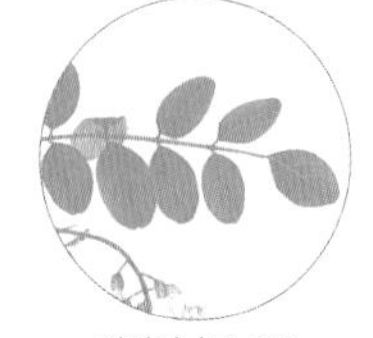

아까시나무 108

옻나무 116

1-15. 겹잎/깃꼴겹잎/마주나기/가장자리 톱니/낙엽

물푸레나무 143

2. 침엽수

2-1. 바늘잎/다발 모양/상록

잣나무 44

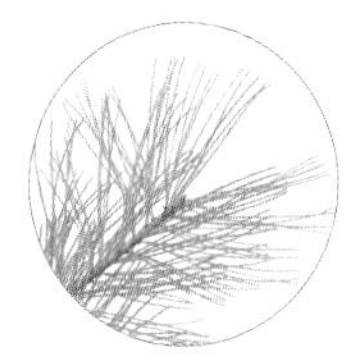
스트로브잣나무 45

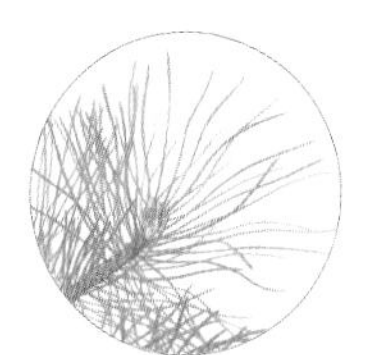
리기다소나무 46

소나무 47

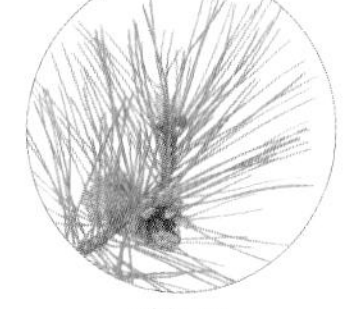
해송 48

히말라야시다 49

노간주나무 53

2-2. 바늘잎/다발 모양/낙엽

낙엽송 43

2-3. 바늘잎/깃 모양/상록

주목 37

비자나무 38

전나무 39

구상나무 40

가문비나무 41

독일가문비 42

2-4. 비늘잎/상록

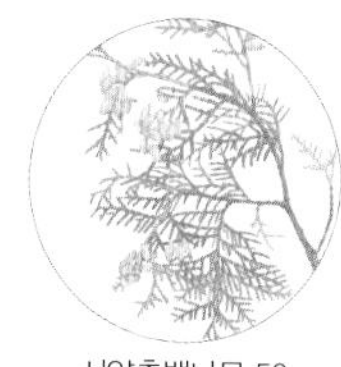
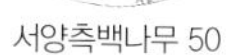
서양측백나무 50

측백나무 51

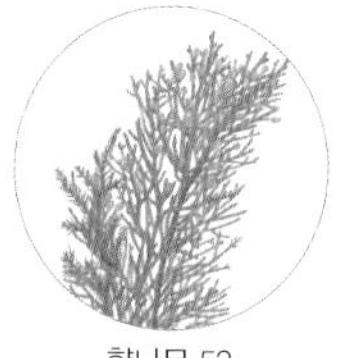
향나무 52

3. 특수형

은행나무 36

꽃 색깔로 찾기

1. 하얀색

고리버들 56
목련 81
조팝나무 85
국수나무 86
산딸기나무 87
찔레나무 89
자두나무 91
매실나무 92
벚나무 95
앵두나무 96
사과나무 100
돌배나무 101

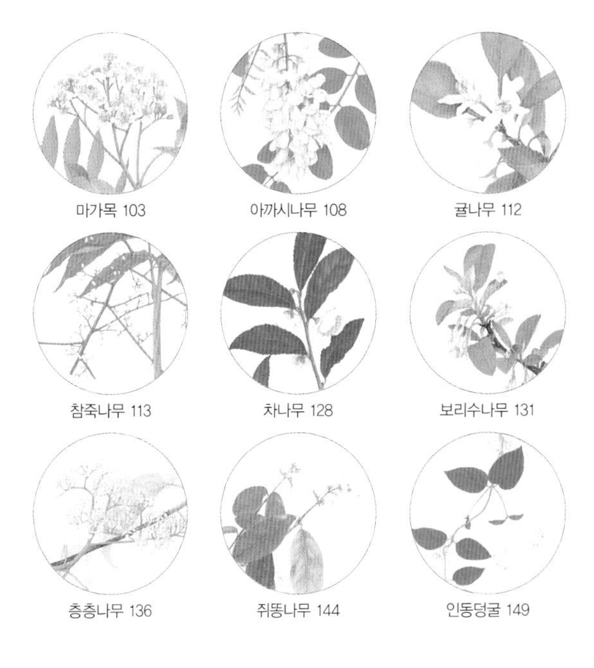

마가목 103 아까시나무 108 귤나무 112

참죽나무 113 차나무 128 보리수나무 131

층층나무 136 쥐똥나무 144 인동덩굴 149

2. 노란색

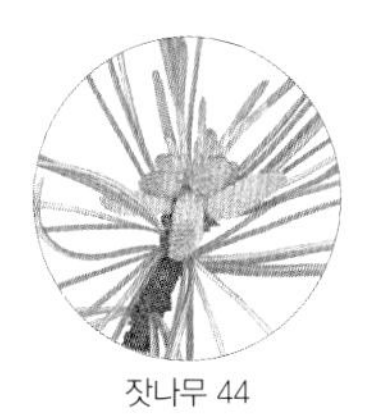

잣나무 44

느티나무 73

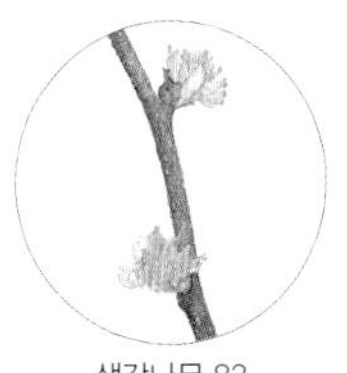

생강나무 83

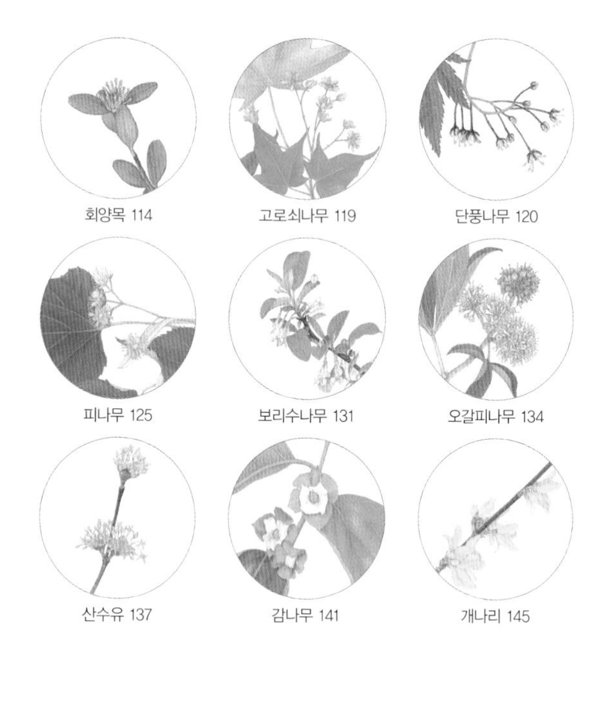

회양목 114

고로쇠나무 119

단풍나무 120

피나무 125

보리수나무 131

오갈피나무 134

산수유 137

감나무 141

개나리 145

3. 풀색

은행나무 36

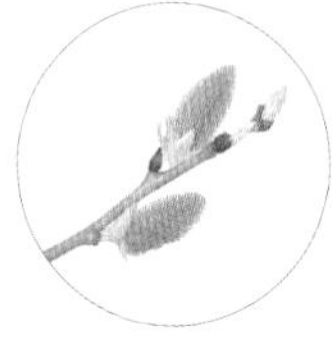

버드나무 55

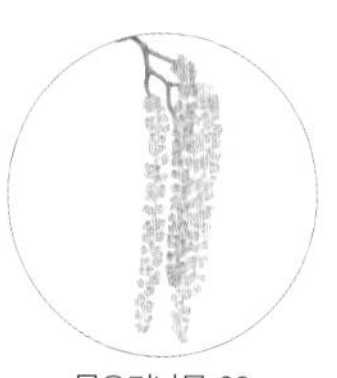

물오리나무 63

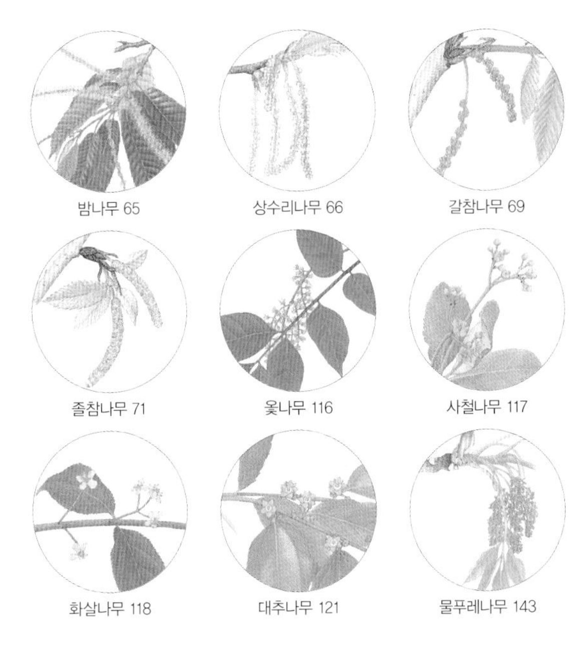

밤나무 65 상수리나무 66 갈참나무 69

졸참나무 71 옻나무 116 사철나무 117

화살나무 118 대추나무 121 물푸레나무 143

4. 빨간색

복분자딸기 88

해당화 90

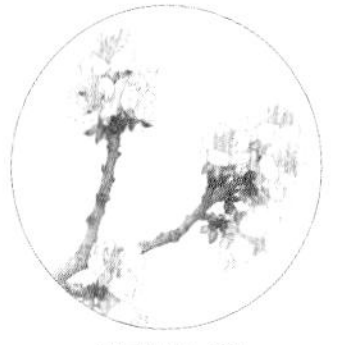

살구나무 93

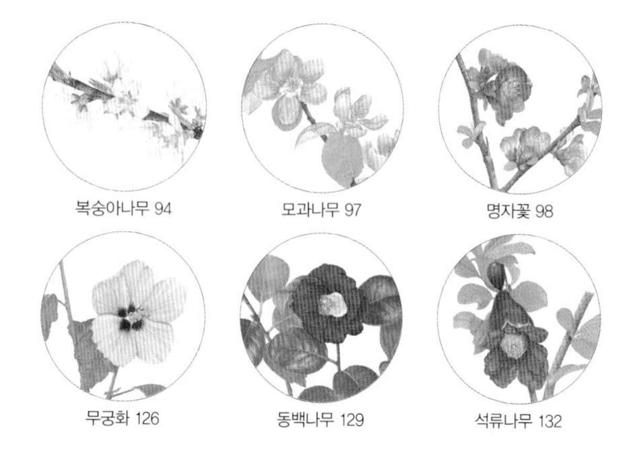

복숭아나무 94 모과나무 97 명자꽃 98

무궁화 126 동백나무 129 석류나무 132

5. 자주색

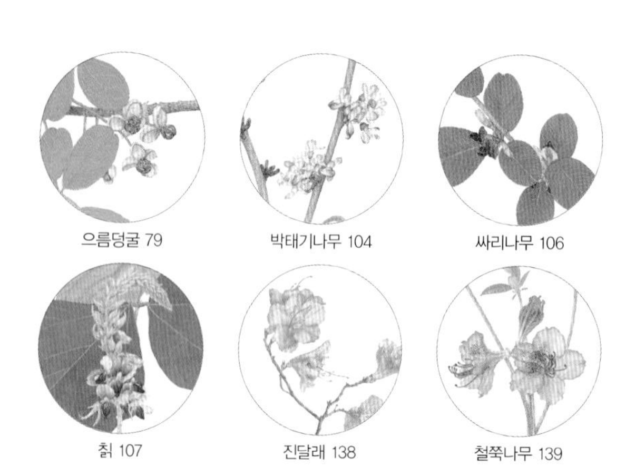

으름덩굴 79 박태기나무 104 싸리나무 106

칡 107 진달래 138 철쭉나무 139

구기자나무 146

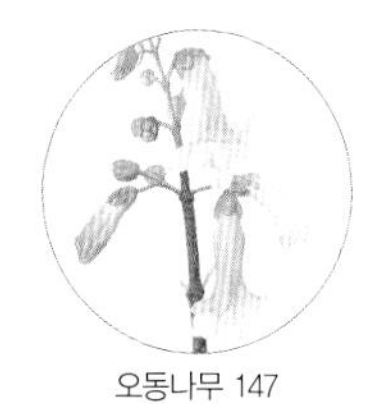
오동나무 147

6. 밤색

낙엽송 43
자작나무 59
물박달나무 61
오리나무 62
개암나무 64
느릅나무 72

열매 색깔로 찾기

1. 빨간색

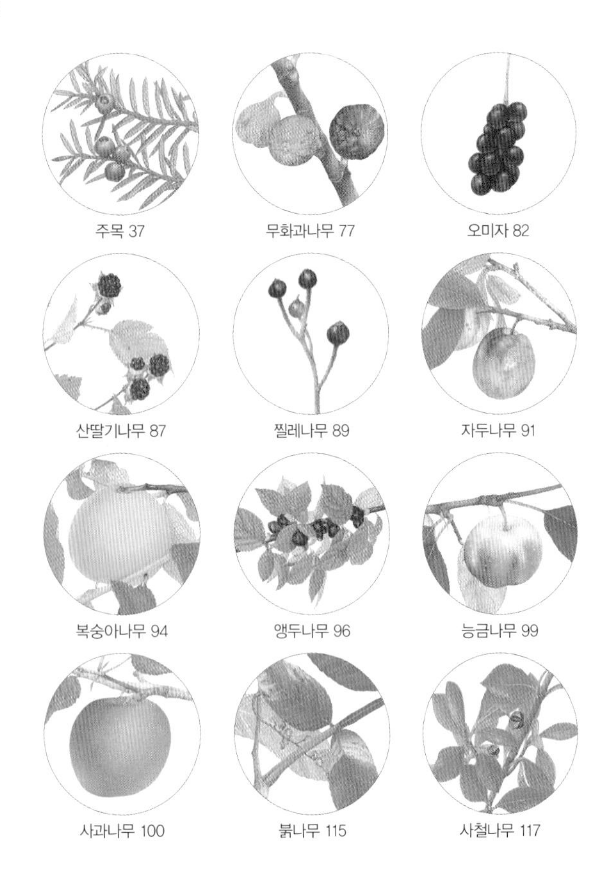
주목 37
무화과나무 77
오미자 82
산딸기나무 87
찔레나무 89
자두나무 91
복숭아나무 94
앵두나무 96
능금나무 99
사과나무 100
붉나무 115
사철나무 117

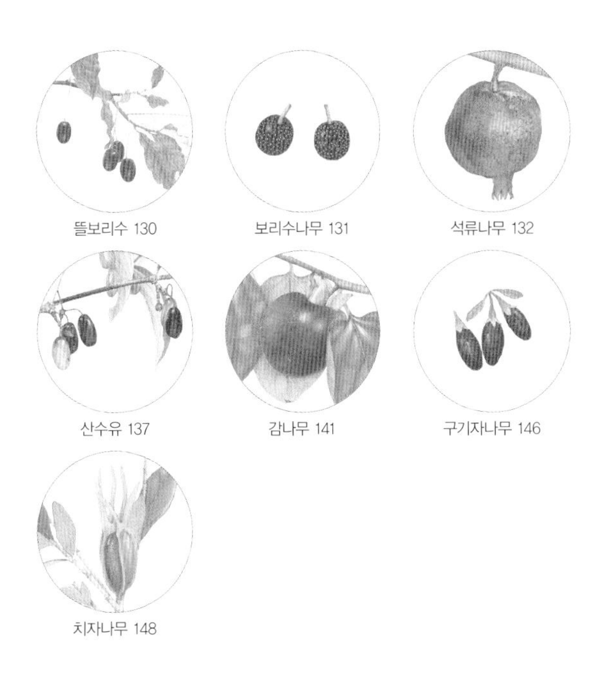

뜰보리수 130

보리수나무 131

석류나무 132

산수유 137

감나무 141

구기자나무 146

치자나무 148

2. 까만색

뽕나무 75

복분자딸기 88

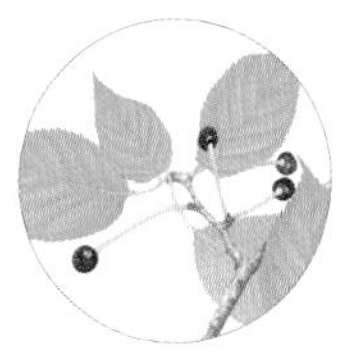

벚나무 95

포도 122

머루 123

3. 밤색

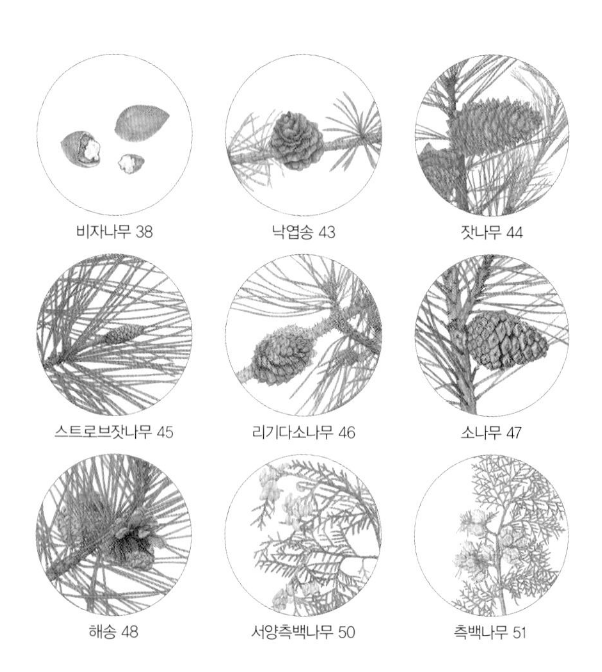
비자나무 38
낙엽송 43
잣나무 44
스트로브잣나무 45
리기다소나무 46
소나무 47
해송 48
서양측백나무 50
측백나무 51

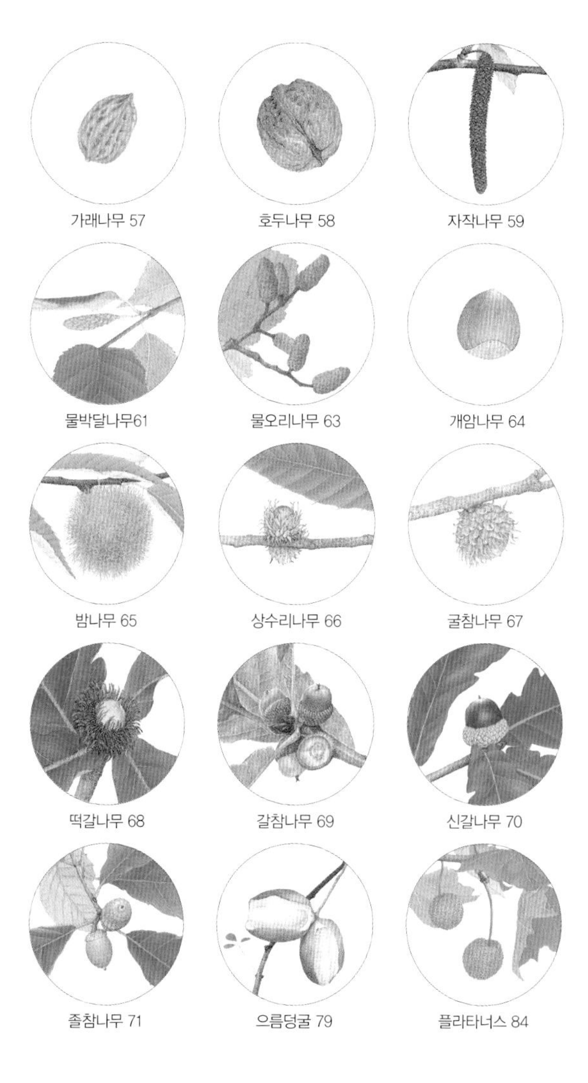

가래나무 57
호두나무 58
자작나무 59
물박달나무61
물오리나무 63
개암나무 64
밤나무 65
상수리나무 66
굴참나무 67
떡갈나무 68
갈참나무 69
신갈나무 70
졸참나무 71
으름덩굴 79
플라타너스 84

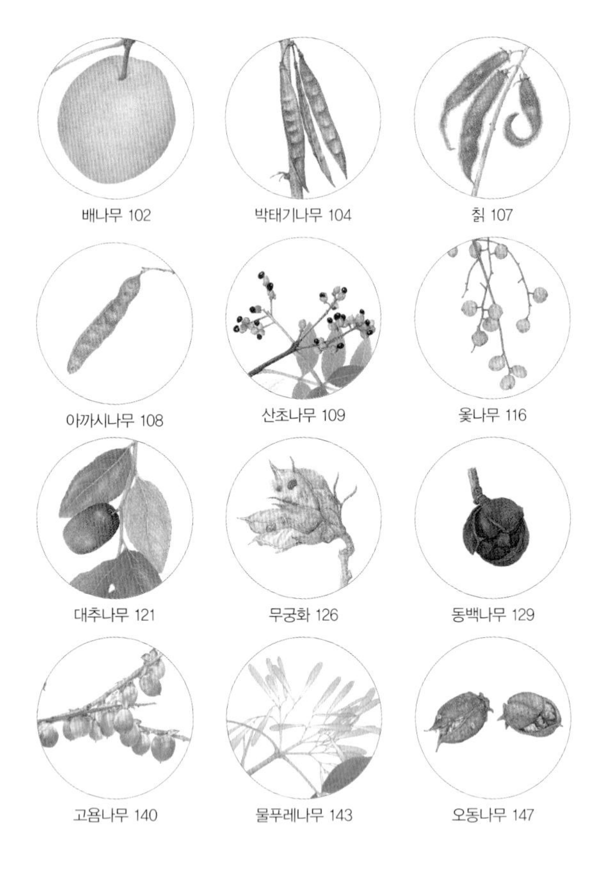

배나무 102
박태기나무 104
칡 107
아까시나무 108
산초나무 109
옻나무 116
대추나무 121
무궁화 126
동백나무 129
고욤나무 140
물푸레나무 143
오동나무 147

4. 노란색/풀색

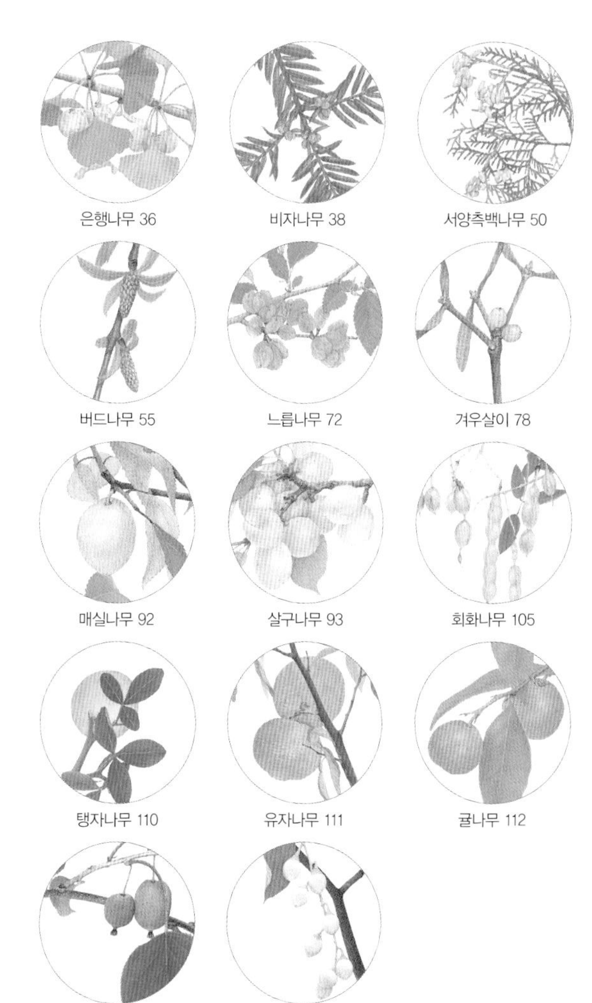

산과 들에서 자라는 나무

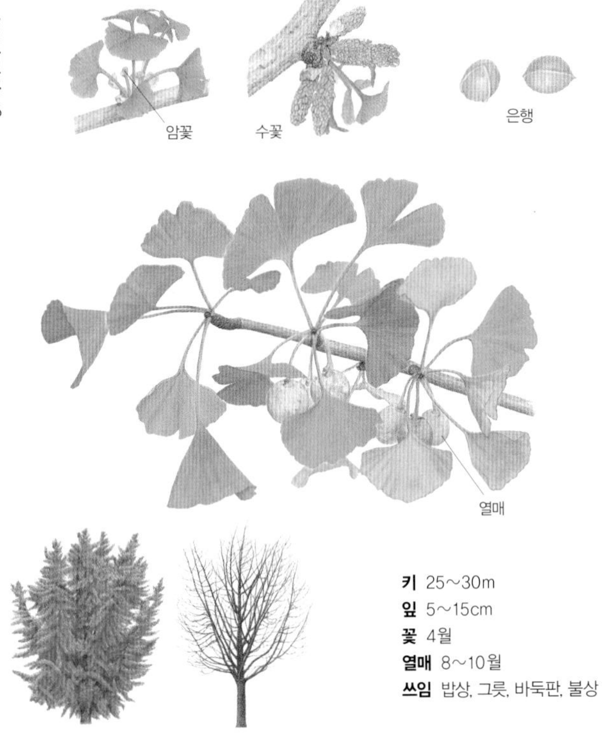

키 25~30m
잎 5~15cm
꽃 4월
열매 8~10월
쓰임 밥상, 그릇, 바둑판, 불상

은행나무 *Ginkgo biloba*

은행나무는 겨울에 잎이 지는 큰키나무다. 암수딴그루다. 집 가까이나 절, 길가나 공원에 많이 심는다. 공기 오염이 심한 곳에서도 잘 자란다. 다른 나무보다 병도 안 걸리고 벌레도 덜 꼬여서 가꾸기 쉽다. 가을에 노란 단풍이 들고, 암나무에서 은행이 열린다. 은행이 떨어지면 냄새가 고약하다. 딱딱한 열매 껍질을 벗겨 내고 먹으면 고소하고 맛있다.

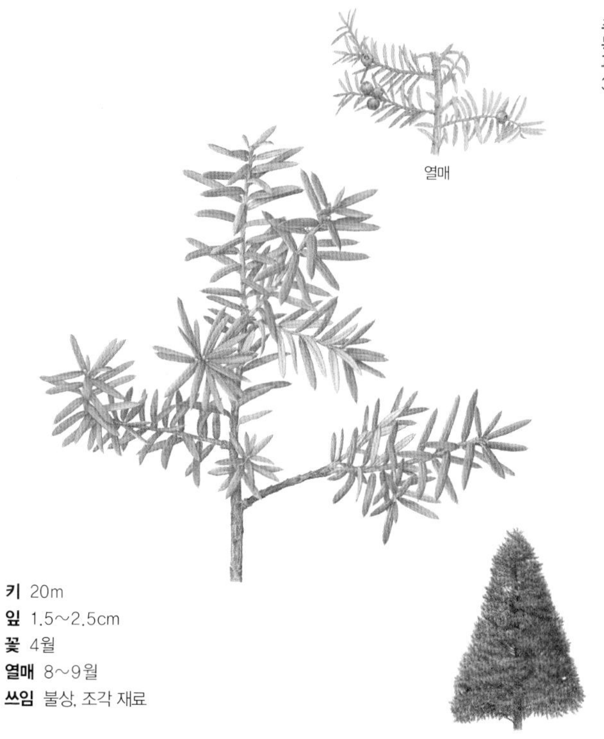

키 20m
잎 1.5~2.5cm
꽃 4월
열매 8~9월
쓰임 불상, 조각 재료

주목 경목, 적목, 노가리낭 *Taxus cuspidata*

주목은 높은 산에서 자라는 늘 푸른 바늘잎나무다. 나무껍질이 빨개서 주목이다. 뜰이나 공원, 절에 많이 심는다. 추운 곳에서 잘 자란다. 어릴 때는 무척 더디 자라서 십 년이 지나도 일 미터쯤밖에 안 큰다. 몇백 년을 자라야 아름드리나무가 된다. 가을에 앵두처럼 동그란 열매가 빨갛게 익는다. 열매 끝이 열려 있어서 까만 씨앗이 보인다. 열매는 달달해서 먹지만, 씨앗은 독이 있어서 먹으면 안 된다.

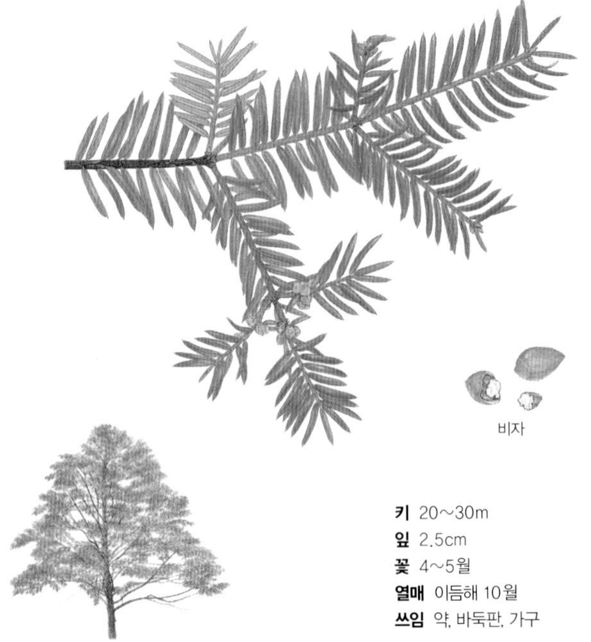

키 20~30m
잎 2.5cm
꽃 4~5월
열매 이듬해 10월
쓰임 약, 바둑판, 가구

비자나무 *Torreya nucifera*

비자나무는 늘 푸른 바늘잎나무다. 제주도나 남쪽 지방에서 많이 자란다. 제주도 구좌읍과 전라남도 장성에는 오래된 비자나무 숲이 있다. 비자나무는 가을에 대추처럼 생긴 열매가 열린다. 열매 안에 땅콩처럼 생긴 씨앗이 있는데 비자라고 한다. 비자는 날로 먹기도 하고 기름도 짠다. 옛날부터 기생충 약으로 썼다.

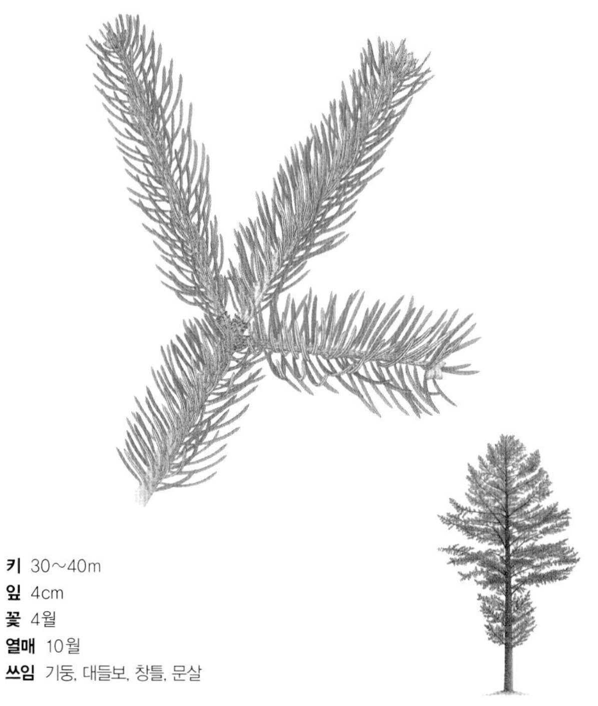

키 30~40m
잎 4cm
꽃 4월
열매 10월
쓰임 기둥, 대들보, 창틀, 문살

전나무 젓나무, 삼송 *Abies holophylla*

전나무는 늘 푸른 바늘잎나무다. 오대산이나 설악산, 백두산이나 금강산처럼 높은 산에는 아름드리 전나무가 숲을 이룬다. 줄기는 곧게 뻗고 가지는 우산을 펼친 듯 뻗어 나간다. 오래 자라면 가지가 거의 없이 줄기만 미끈해진다. 가을에는 솔방울이 하늘을 보고 달린다. 기둥이나 대들보로 많이 쓴다.

키 18m
잎 0.9~1.4cm
꽃 5~6월
열매 8~9월
쓰임 집, 가구, 상자

구상나무 제주백회 *Abies koreana*

구상나무는 한라산, 덕유산, 지리산처럼 높은 산에서 자라는 늘 푸른 바늘잎나무다. 제주도 한라산 꼭대기에는 구상나무가 넓게 퍼져서 자란다. 구상나무는 우리나라에서만 자란다. 나무 생김새가 예뻐서 공원이나 뜰에 심기도 하지만 더러운 공기에 아주 약해 산에서 자랄 때처럼 아름답지 않다.

키 40m
잎 1~2cm
꽃 5~6월
열매 9~10월
쓰임 서까래, 기둥, 문살, 악기, 상자

가문비나무 감비나무, 삼송 *Picea jezoensis*

가문비나무는 북부 지방 높은 산에서 자라는 늘 푸른 바늘잎나무다. 북한에서는 흔한 나무지만 남한에서는 보기 어렵다. 가문비나무나 전나무는 북부 지방에서 울창한 숲을 이룬다. 가문비나무 솔방울은 아래로 처지고, 익으면 통째로 떨어진다. 전나무 솔방울은 하늘을 보고, 여물면 산산이 부서지면서 떨어진다.

키 20~50m
잎 1.2~2.5cm
꽃 5~6월
열매 10월
쓰임 가구, 종이

독일가문비 노르웨이가문비 *Picea abies*

독일가문비는 공원이나 아파트 단지에서 흔히 보는 늘 푸른 바늘잎나무다. 1920년쯤 유럽에서 들어왔다. 유럽에서는 노르웨이가문비라고 한다. 우리나라에서는 독일에서 옮겨 왔다고 독일가문비라고 한다. 곁가지는 옆으로 뻗고, 곁가지에서 갈라진 작은 가지는 아래로 처진다. 나무 생김새가 고깔 모양이고 곁가지가 촘촘히 붙어 크리스마스 트리로 쓴다.

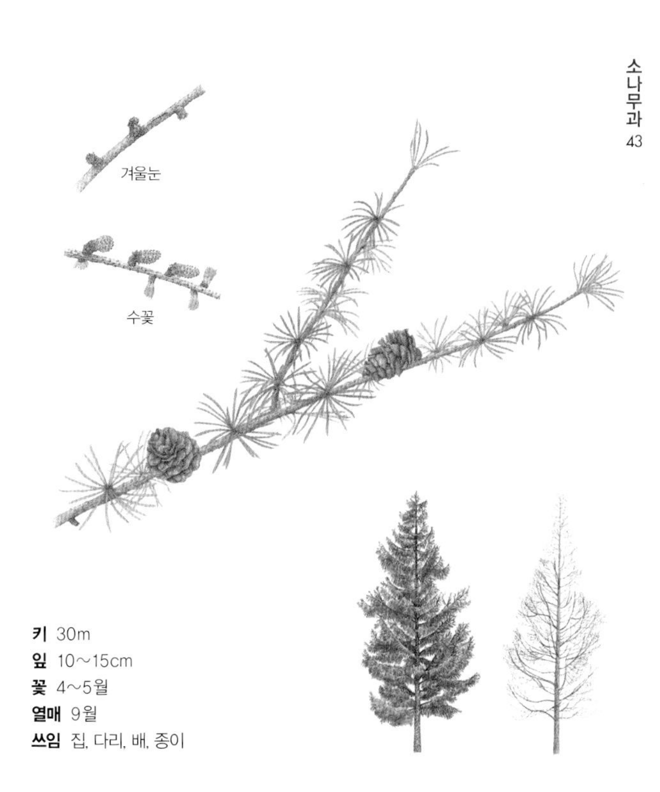

키 30m
잎 10~15cm
꽃 4~5월
열매 9월
쓰임 집, 다리, 배, 종이

낙엽송 일본잎갈나무, 창성이깔나무 *Larix kaempferi*

낙엽송은 1904년 일본에서 처음 들어온 바늘잎나무다. 그래서 일본잎갈나무라고 한다. 바늘잎나무는 본디 겨울에 잎이 안 지는데 낙엽송은 가을이 되면 잎이 누렇게 물들면서 떨어진다. 그래서 잎이 지는 소나무라고 낙엽송이라는 이름이 붙었다. 우리나라에는 토박이 나무인 잎갈나무가 있다.

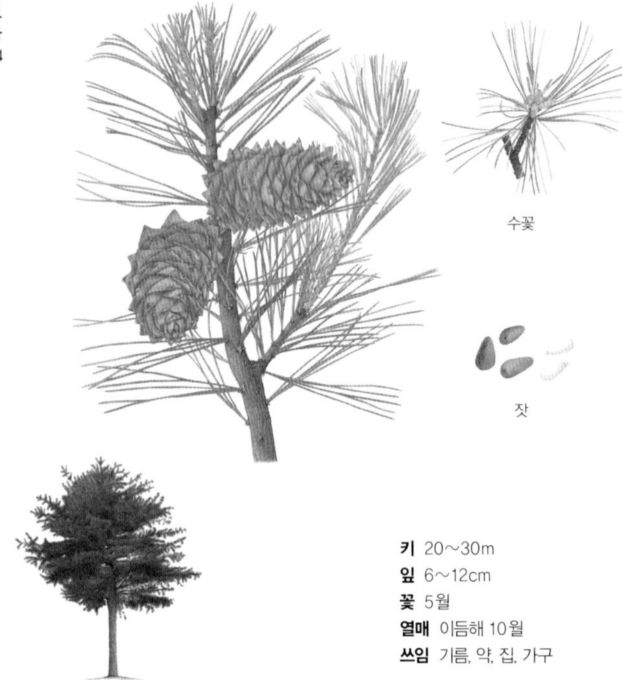

키 20~30m
잎 6~12cm
꽃 5월
열매 이듬해 10월
쓰임 기름, 약, 집, 가구

잣나무 오엽송 *Pinus koraiensis*

잣나무는 높은 산이나 추운 곳에서 자라는 늘 푸른 바늘잎나무다. 축축한 골짜기에서 잘 자란다. 경기도 가평, 양평, 강원도 홍천에서 많이 자란다. 높이 달린 잣송이를 사람이 올라가서 딴다. 잣송이를 낫등으로 두드리거나 발로 비비면 잣이 쏙쏙 빠져나온다. 잣은 기름이 많아서 고소하다. 그냥 먹거나 죽을 끓여 먹는다.

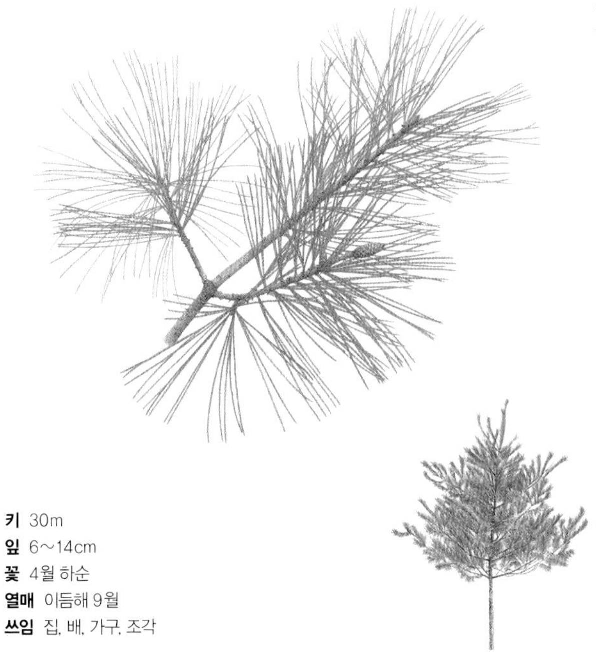

키 30m
잎 6~14cm
꽃 4월 하순
열매 이듬해 9월
쓰임 집, 배, 가구, 조각

스트로브잣나무 가는잎소나무, 스트로브소나무 *Pinus strobus*

스트로브잣나무는 본디 미국과 캐나다에서 자라는 나무다. 백 년 전쯤부터 우리나라에서 심기 시작했다. 추위에 강하고 옮겨 심어도 잘 자라는 늘 푸른 바늘잎나무다. 공원이나 아파트 단지, 고속 도로 옆에 많이 심는다. 잣나무 솔방울은 크고 잣을 먹을 수 있는데, 스트로브잣나무 솔방울은 아주 작고 잣이 안 열린다.

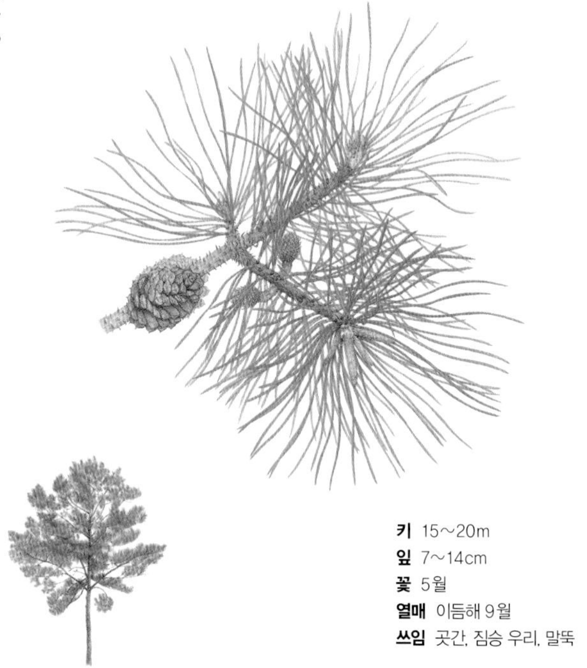

키 15~20m
잎 7~14cm
꽃 5월
열매 이듬해 9월
쓰임 곳간, 짐승 우리, 말뚝

리기다소나무 세잎소나무 *Pinus rigida*

리기다소나무는 미국에서 들어온 늘 푸른 바늘잎나무다. 광복이 된 뒤 산에 나무가 없을 때 많이 심었다. 메마르고 거친 땅에서도 잘 자란다. 추위와 병충해를 잘 견딘다. 솔잎이 한 다발에 세 개씩 나서 세잎소나무라고도 한다. 소나무는 두 개씩 난다. 줄기가 곧아서 곳간이나 집짐승 우리를 짓고 말뚝으로 쓴다.

키 20~40m
잎 6~12cm
꽃 5월
열매 이듬해 9~10월
쓰임 집, 기둥, 가구

소나무 적송, 육송, 솔 *Pinus densiflora*

소나무는 우리나라 어디서나 잘 자라는 늘 푸른 바늘잎나무다. 햇빛이 잘 들면 땅을 안 가리고 잘 자란다. 줄기가 굵고 곧게 자란 소나무는 궁궐이나 절을 지을 때 기둥으로 썼다. 오월에 수꽃 꽃가루인 송화가 날린다. 송화를 모아서 꿀을 넣어 다식을 만든다. 추석에는 솔잎을 따다가 시루에 깔고 송편을 찐다.

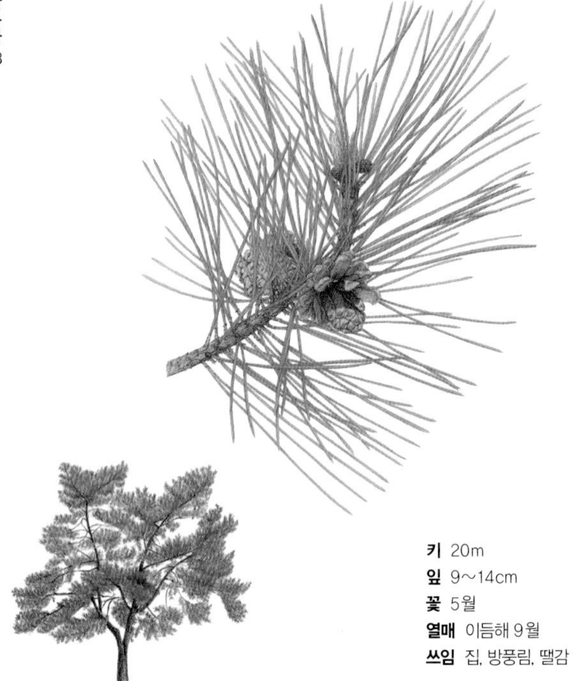

키 20m
잎 9~14cm
꽃 5월
열매 이듬해 9월
쓰임 집, 방풍림, 땔감

해송 곰솔, 흑송 *Pinus thunbergii*

해송은 바닷가에서 잘 자라는 늘 푸른 바늘잎나무다. 잎이 억세다고 곰솔이라고 하며, 줄기가 까매서 흑송이라고도 한다. 소나무와 해송은 우리나라 토박이 소나무다. 해송은 소나무보다 작고 송진이 많아서 쓰임새도 적다. 하지만 다른 바늘잎나무보다 더 단단하고 잘 안 썩는다. 바늘잎은 소나무처럼 두 개씩 모여나는데 소나무 잎보다 굵다.

키 30m
잎 3~5cm
꽃 10~11월
열매 이듬해 9~12월
쓰임 집, 배, 가구, 철길 침목

히말라야시다 설송, 개잎갈나무 *Cedrus deodara*

히말라야시다는 히말라야 산맥 끝자락인 따뜻한 아열대 지역에서 자라는 늘 푸른 바늘잎나무다. 우리나라에는 1930년대에 들어왔다. 추위에 약해서 따뜻한 남쪽 지방에 많이 심었다. 나무가 고깔 모양으로 크게 자라고, 잎이 은빛으로 빛나서 보기 좋다. 공원이나 식물원, 놀이터에 많이 심는다.

키 10~20m
잎 0.1~0.4cm
꽃 5월
열매 10~11월
쓰임 산울타리, 기름, 약

서양측백나무 미국측백나무, 서양찝방나무 *Thuja occidentalis*

서양측백나무는 미국에서 들어온 늘 푸른 바늘잎나무다. 우리나라 어디서나 심어 기른다. 서양측백나무에 가까이 다가가거나 잎을 만지면 향긋한 냄새가 난다. 이 냄새는 '정유'라고 하는 기름 냄새다. 측백나무, 소나무 따위에서 이런 냄새가 난다. 나뭇잎을 쪄서 기름을 짜 약으로 쓴다. 잎은 바늘처럼 뾰족하지 않고 비늘처럼 겹겹이 겹쳐진 비늘잎이다.

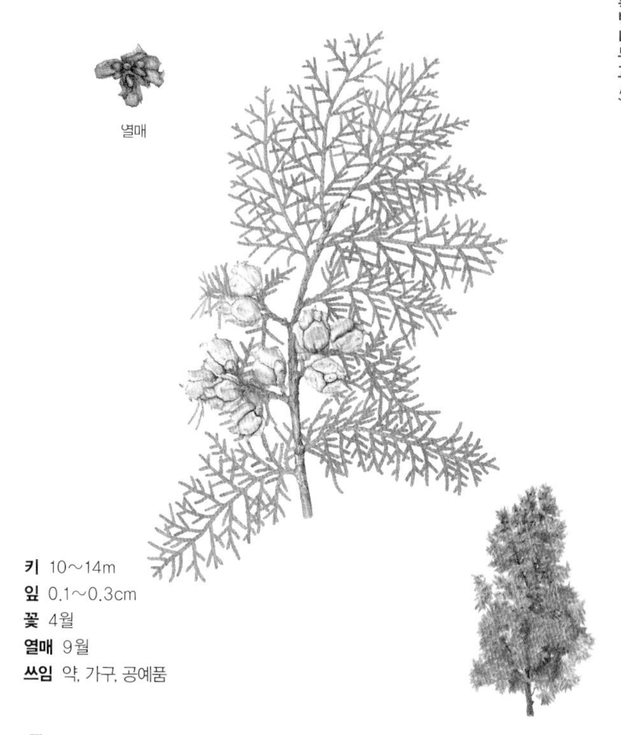

키 10～14m
잎 0.1～0.3cm
꽃 4월
열매 9월
쓰임 약, 가구, 공예품

측백나무 *Thuja orientalis*

측백나무는 공원이나 뜰에 많이 심는 늘 푸른 바늘잎나무다. 추위와 가뭄, 공기 오염에도 끄떡없다. 가지치기도 쉽고 새 가지가 잘 돋아서 산울타리로 많이 심는다. 측백나무는 가지가 위로 자라는데 서양측백나무는 사방으로 뻗는다. 또 측백나무 씨앗에는 날개가 없고 서양측백나무 씨앗에는 날개가 있다. 잎은 서양측백나무처럼 비늘잎이다.

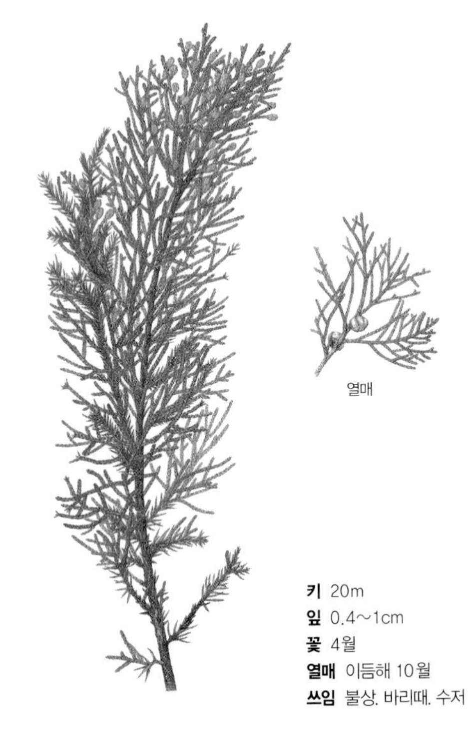

키 20m
잎 0.4~1cm
꽃 4월
열매 이듬해 10월
쓰임 불상, 바리때, 수저

향나무 상나무, 노송나무 *Juniperus chinensis*

향나무는 섬이나 바닷가에서 저절로 자라는 늘 푸른 바늘잎나무다. 온 나무에서 향기가 난다. 그래서 이름도 향나무다. 제사 때 쓰는 향은 이 나무를 깎아서 만든다. 뜰이나 절, 공원에도 많이 심는다. 향나무는 오래 살아서 울릉도에는 천 년이 넘은 향나무도 있다. 오래된 가지에는 부드러운 비늘잎이 나고 어린 가지에는 날카로운 바늘잎이 난다.

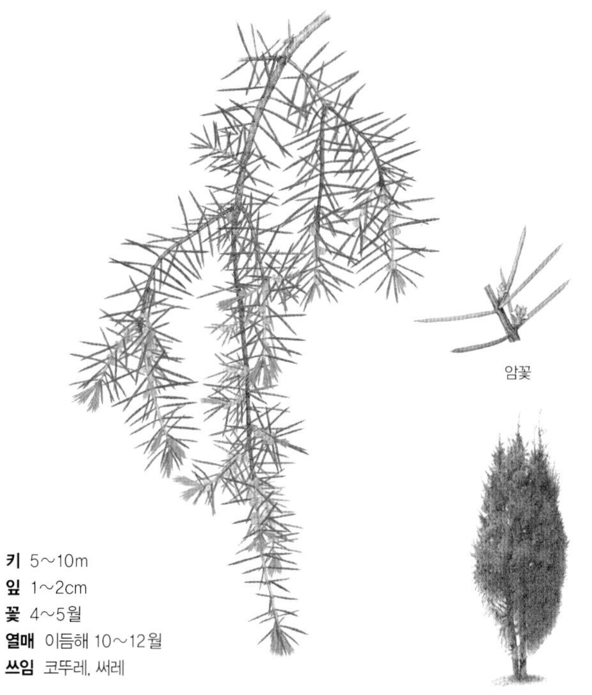

키 5~10m
잎 1~2cm
꽃 4~5월
열매 이듬해 10~12월
쓰임 코뚜레, 써레

노간주나무 노가지나무, 토송 *Juniperus rigida*

노간주나무는 늘 푸른 바늘잎나무다. 생김새도 향이 나는 것도 향나무와 닮았다. 집 둘레에 울타리로 많이 심는다. 향나무와 달리 잎이 아주 뾰족해서 가지를 꺾어 바싹 말리면 손을 찌를 정도다. 예전에는 쥐구멍을 노간주나무 가지로 막았다. 마루 밑에도 마른 가지를 넣어서 쥐가 못 다니게 했다.

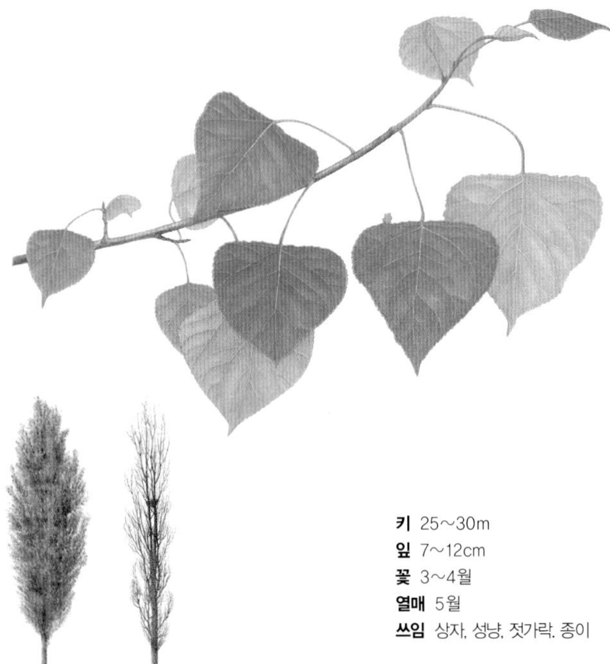

키 25~30m
잎 7~12cm
꽃 3~4월
열매 5월
쓰임 상자, 성냥, 젓가락, 종이

미루나무 미류나무 *Populus deltoides*

미루나무는 미국에서 들어온 잎 지는 큰키나무다. 백 년 전쯤부터 길가에 많이 심었다. 양버들과 생김새가 닮았다. 미루나무는 가지가 옆으로 퍼져서 나고 양버들은 길쭉한 빗자루를 거꾸로 세운 것처럼 홀쭉한 모양으로 자란다. 멀리서 보면 쉽게 알아볼 수 있다. 흔히 포플러라고 한다. 나무에 섬유질이 많아서 종이와 옷감을 만든다.

떡버들 수꽃　　떡버들 암꽃

키 10~20m
잎 5~12cm
꽃 4월
열매 5월
쓰임 가구, 상자, 장난감

버드나무 버들, 버들낭기 *Salix koreensis*

버드나무는 강기슭이나 냇가 같은 축축한 땅을 좋아하는 잎 지는 큰키나무다. 개나리처럼 잎보다 꽃이 먼저 핀다. 자잘한 노란 꽃이 방망이처럼 모여 피는데 버들강아지라고 한다. 봄에 물이 오른 가지를 잘라 속살을 빼낸 껍질로 피리를 만들어 분다. 버드나무 가지는 햇가지만 늘어지고 수양버들, 능수버들은 3~4년 된 가지가 더 길게 늘어진다.

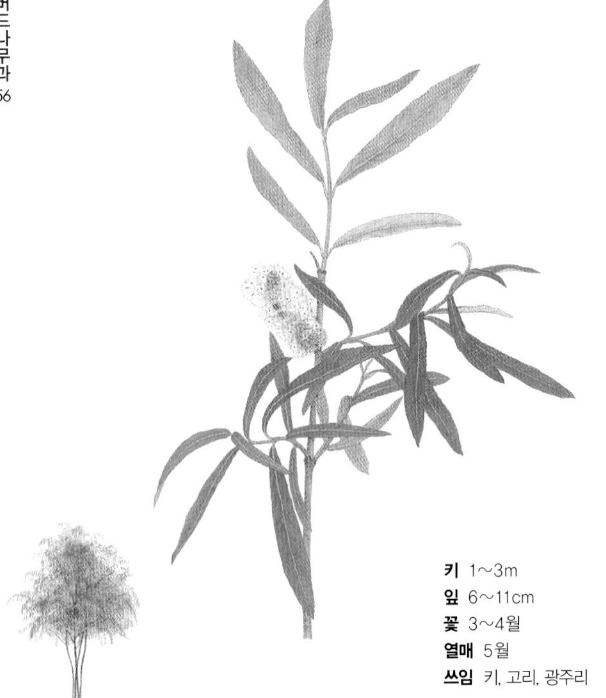

키 1~3m
잎 6~11cm
꽃 3~4월
열매 5월
쓰임 키, 고리, 광주리

고리버들 키버들 *Salix koriyanagi*

고리버들은 개울가나 축축한 땅에서 자라는 잎 지는 떨기나무다. 다른 버드나무와 달리 가지가 안 늘어진다. 고리나 키를 만든다고 고리버들, 키버들이라고 한다. 물이 한창 오르는 6~7월에 가지를 베어 껍질을 벗긴 뒤 햇볕에 말린다. 말려 둔 가지를 물에 축여 녹신녹신해지면 광주리나 채반 같은 바구니를 엮는다.

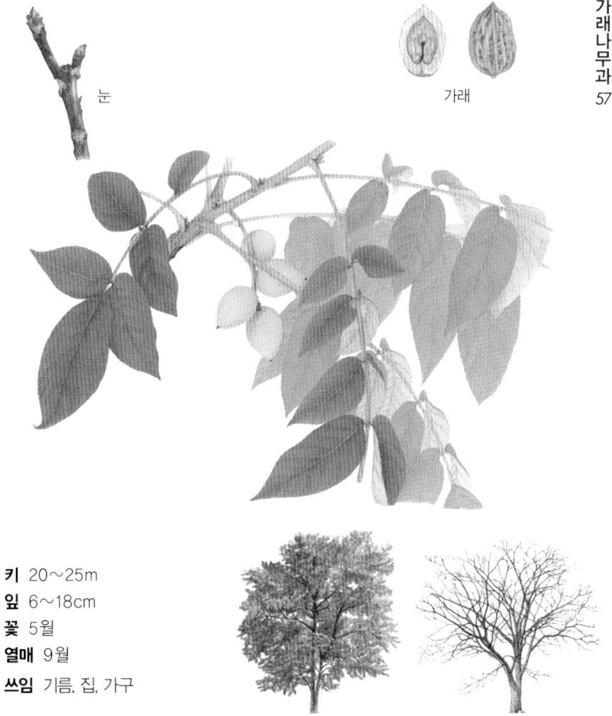

키 20~25m
잎 6~18cm
꽃 5월
열매 9월
쓰임 기름, 집, 가구

가래나무 가래추나무 *Juglans mandshurica*

가래나무는 산에서 저절로 자라는 잎 지는 큰키나무다. 열매를 가래라고 하는데 호두와 닮았지만 호두보다 조금 길고 끝이 뾰족하며 갸름하다. 추운 곳을 좋아해서 북쪽 지방에 흔하다. 가래는 속살이 고소해 산짐승이 좋아한다. 예전에는 가래 속살로 기름을 짜고 꿀에 재워 먹었다.

호두

키 20m
잎 4~13cm
꽃 5월
열매 9월
쓰임 기름, 살림살이, 악기

호두나무 *Juglans regia*

호두나무는 뜰이나 밭둑, 산비탈에 심어 기르는 잎 지는 큰키나무다. 가을에 열매가 까맣게 익는다. 열매를 따서 껍질을 벗기면 밤빛 호두알이 나온다. 딱딱한 껍데기를 깨서 속살을 먹는데 아주 고소하다. 그냥 먹거나 기름을 짠다. 정월 대보름 아침에는 호두나 땅콩 같은 딱딱한 열매를 먹는데 '부럼'이라고 한다. 호두나무는 중국에서 들어왔다.

키 20m
잎 5~7cm
꽃 4~5월
열매 9~10월
쓰임 약, 종이, 가구, 조각, 현판

자작나무 봇나무, 보티나무 *Betula platyphylla* var. *japonica*

자작나무는 춥고 깊은 산에서 자라는 잎 지는 큰키나무다. 백두산 같은 높은 산에서 숲을 이룬다. 껍질이 하얗고 윤이 나며 기름지다. 또 종이처럼 얇게 벗겨져서 옛날에는 이 껍질에 그림을 그리고 글씨도 썼다. 껍질은 비에 젖어도 불이 잘 붙는다. 북부 지방에서는 자작나무 껍질로 지붕을 이었다. 또 고로쇠나무처럼 나무즙을 내어 마신다.

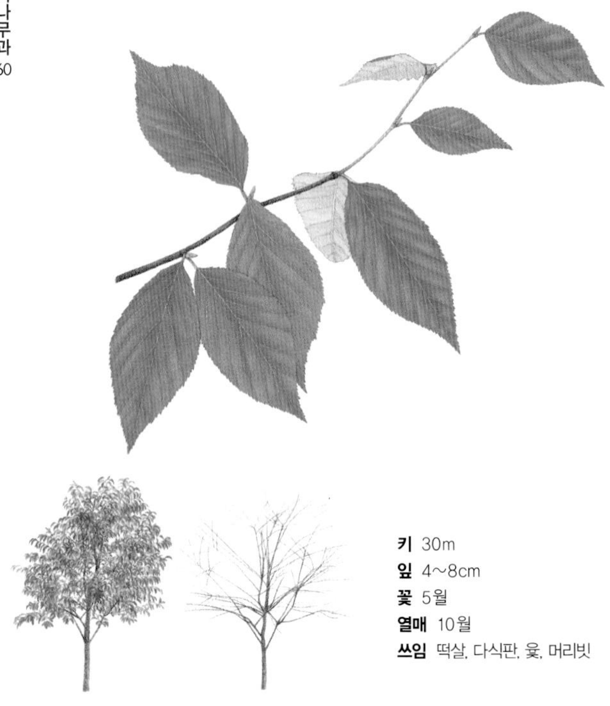

키 30m
잎 4~8cm
꽃 5월
열매 10월
쓰임 떡살, 다식판, 윷, 머리빗

박달나무 *Betula schmidtii*

박달나무는 우리나라 어디에서나 잘 자라는 잎 지는 큰키나무다. 키가 크게 자라고 오래 산다. 우리나라 나무 가운데 가장 단단하다. 홍두깨나 방망이를 만들 때는 꼭 이 나무를 썼다. 명절이면 박달나무 떡살과 다식판으로 음식을 해 먹었고, 윷을 만들어 가지고 놀았다. 오래되면 껍질이 두꺼운 코르크질로 바뀌는데 산불이 나도 잘 안 탄다.

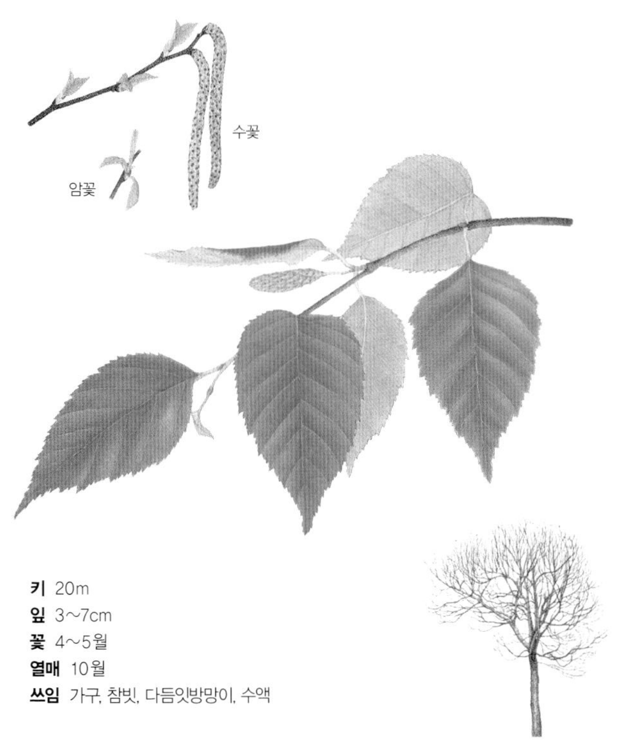

키 20m
잎 3~7cm
꽃 4~5월
열매 10월
쓰임 가구, 참빗, 다듬잇방망이, 수액

물박달나무 째작나무, 사스레나무 *Betula davurica*

물박달나무는 양지바른 산 중턱에서 자라는 잎 지는 큰키나무다. 줄기가 곧고 빠르게 자란다. 무척 단단하고, 휘거나 부러지지도 않는다. 그래서 박달나무처럼 홍두깨나 다듬잇방망이 따위를 만든다. 나무껍질이 종잇장처럼 벗겨져 너덜거리는 것이 박달나무와 다르다. 봄여름에 나무에 구멍을 내 물을 받아서 약으로 먹는다.

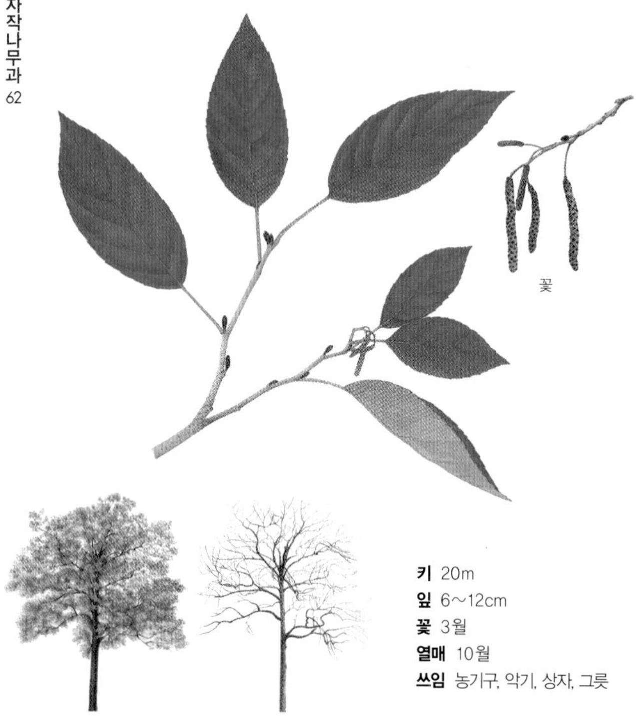

키 20m
잎 6~12cm
꽃 3월
열매 10월
쓰임 농기구, 악기, 상자, 그릇

오리나무 *Alnus japonica*

오리나무는 산기슭이나 개울가에서 자라는 잎 지는 큰키나무다. 마을 가까이에서도 자란다. 쓸모가 많아서 오 리마다 심었다고 오리나무다. 이른 봄에 잎보다 먼저 꽃이 핀다. 메마른 땅에서도 잘 살고 그 땅을 기름지게 만든다. 가지를 쳐서 논 거름으로 썼다. 줄기로는 그릇이나 농기구를 만들고 열매와 나무껍질은 삶아서 옷감에 물을 들인다.

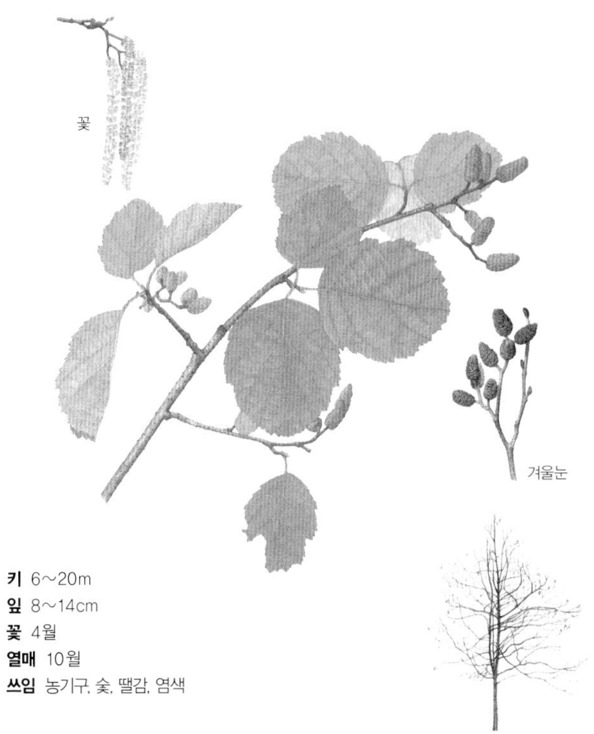

키 6~20m
잎 8~14cm
꽃 4월
열매 10월
쓰임 농기구, 숯, 땔감, 염색

물오리나무 산오리나무 *Alnus sibirica*

물오리나무는 산기슭에서 잘 자라는 잎 지는 큰키나무다. 오리나무는 많이 베어 버려서 지금은 물오리나무가 흔하다. 오리나무와 달리 잎이 둥글다. 빨리 자라서 산이 헐벗었을 때 많이 심었다. 뿌리에 뿌리혹박테리아가 붙어살아 땅을 기름지게 한다. 나무로 그릇이나 농기구를 만들고 열매와 나무껍질로 옷감에 누런 물을 들인다.

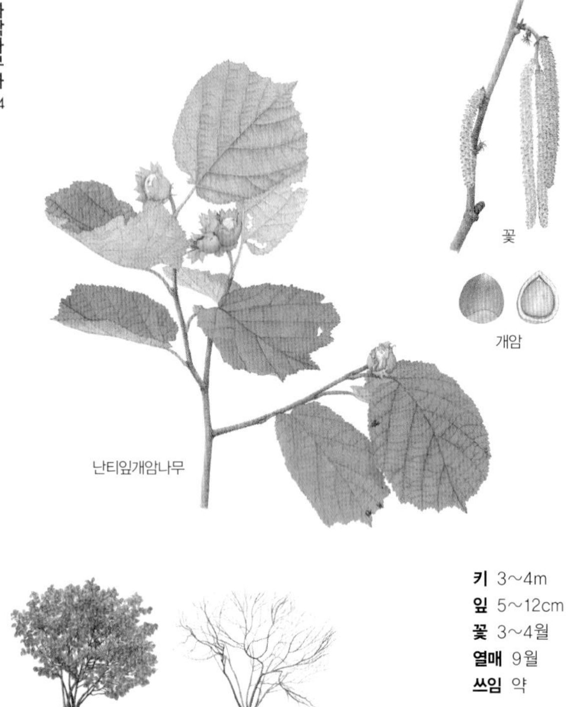

키 3~4m
잎 5~12cm
꽃 3~4월
열매 9월
쓰임 약

개암나무 깨금 *Corylus heterophylla* var. *thunbergii*

개암나무는 양지바른 산기슭에서 자라는 잎 지는 떨기나무다. 진달래, 싸리나무 같은 떨기나무와 함께 자란다. 열매를 먹는데 나무가 작아서 쉽게 따 먹을 수 있다. 밤처럼 속살을 먹는다. 개암을 먹으면 몸이 튼튼해지고 소화가 잘된다. 개암나무는 잎에 자줏빛 무늬가 있고, 난티잎개암나무는 잎 끝이 여러 갈래로 갈라졌다.

키 20m
잎 10~20cm
꽃 5~6월
열매 9~10월
쓰임 농기구, 조각 재료

밤나무 *Castanea crenata*

밤나무는 밤을 따려고 심는 잎 지는 큰키나무다. 마을 가까이에서 저절로 자라기도 한다. 오백 년까지 산다. 밤송이에는 온통 가시가 나 있다. 가을에 밤송이가 누렇게 여물면 네 쪽으로 터지는데, 밤이 세 알씩 들어 있다. 가시에 안 찔리게 발로 비벼서 밤톨을 쏙 빼낸다. 날로도 먹고 삶거나 구워 먹으면 고소하고 맛있다.

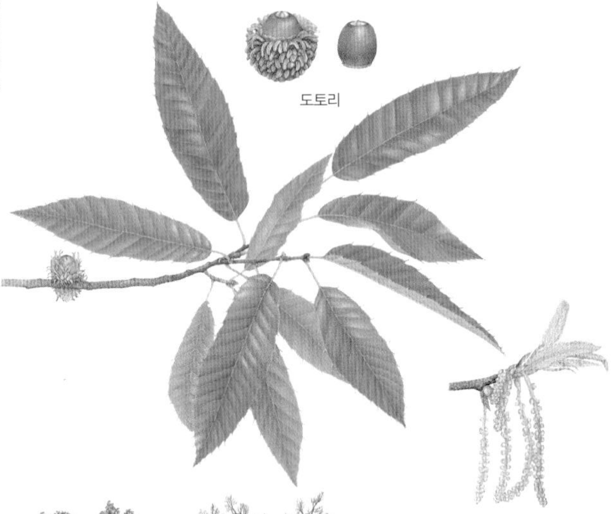

도토리

수꽃

키 15~30m
잎 10~20cm
꽃 4~5월
열매 이듬해 10월
쓰임 집, 땔감, 숯, 가구

상수리나무 참나무, 도토리나무 *Quercus acutissima*

상수리나무는 마을 가까이에서 쉽게 보는 잎 지는 큰키나무다. 굴참나무처럼 봄에 꽃이 피고 이듬해 가을에 도토리가 익는다. 도토리가 많이 안 달리지만 알이 크고 가루가 많이 나온다. 상수리나무가 많은 남쪽 지방은 도토리묵을 상수리묵이라고도 한다. 도토리깍정이는 깃털처럼 갈라지고 끝이 뒤로 젖혀진다.

도토리

키 20m
잎 8~15cm
꽃 5월
열매 이듬해 10월
쓰임 병마개, 코르크판, 지붕

굴참나무 물갈참나무, 부엽나무 *Quercus variabilis*

굴참나무는 낮은 산에서 자라는 잎 지는 큰키나무다. 다른 나무가 못 사는 메마른 땅이나 자갈밭에서도 잘 산다. 나무가 클수록 도토리가 많이 달린다. 상수리나무와 닮았지만 잎 뒤쪽이 더 희다. 도토리깍정이는 깃털처럼 갈라지는데 더 가늘고 길다. 상수리나무는 집 가까이 많고 굴참나무는 산에 많다. 두꺼운 나무껍질로 병마개를 만들고 지붕을 인다.

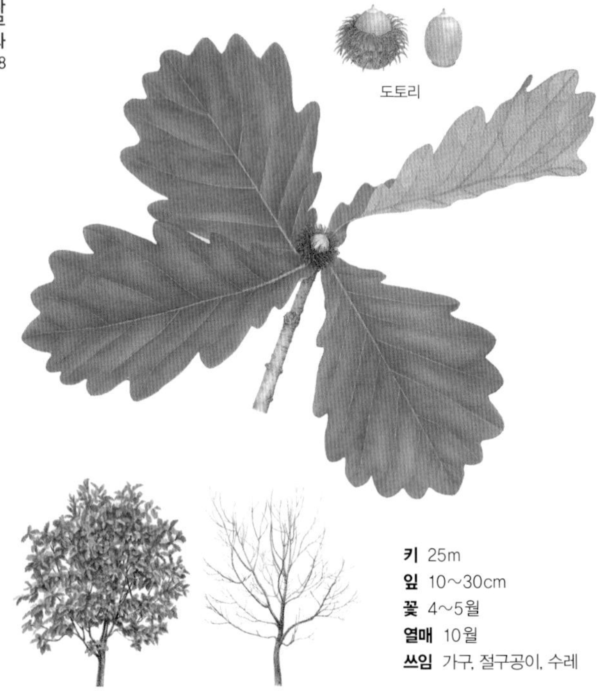

키 25m
잎 10~30cm
꽃 4~5월
열매 10월
쓰임 가구, 절구공이, 수레

떡갈나무 갈잎나무 *Quercus dentata*

떡갈나무는 양지바른 강가나 산자락에서 자라는 잎 지는 큰키나무다. 바닷가에서도 잘 자라는데 아주 높은 산에는 없다. 참나무 가운데 잎이 가장 크고 도토리도 크다. 도토리깍정이는 깃털처럼 갈라지는데 길고 뾰족하다. 나뭇잎으로 떡을 싸서 찐다고 이름이 떡갈나무다. 옛날 산골 마을에서는 도토리로 밥, 묵, 국수를 만들어 끼니로 먹었다.

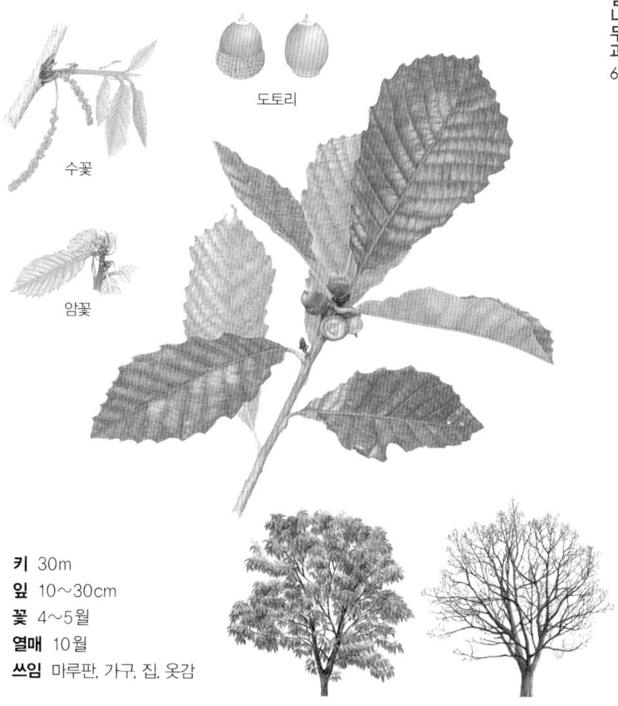

키 30m
잎 10~30cm
꽃 4~5월
열매 10월
쓰임 마루판, 가구, 집, 옷감

갈참나무 재갈나무 *Quercus aliena*

갈참나무는 산골짜기 기름진 땅이나 들판에서 잘 자라는 잎 지는 큰키나무다. 도토리가 많이 달려서 가루도 많이 나온다. 가루로 묵을 많이 해 먹는다. 도토리깍정이는 종지처럼 생겨 단단하고, 신갈나무 도토리 깍정이보다 무늬가 촘촘하다. 마른 잎이 늦게까지 달려 있다고 가을참나무, 갈참나무다.

키 20~30m
잎 7~20cm
꽃 5~6월
열매 9~10월
쓰임 표고버섯 재배, 가구

신갈나무 돌참나무 *Quercus mongolica*

신갈나무는 산에서 가장 흔한 참나무로 잎 지는 큰키나무다. 산등성이에서 만나는 참나무는 거의 신갈나무다. 잎은 떡갈나무와 닮았는데 더 얇다. 도토리깍정이는 갈참나무를 닮았는데 무늬가 더 굵다. 신갈나무는 다른 참나무보다 도토리가 일찍 열리고 많이 달린다. 햇도토리는 추석 무렵부터 딴다.

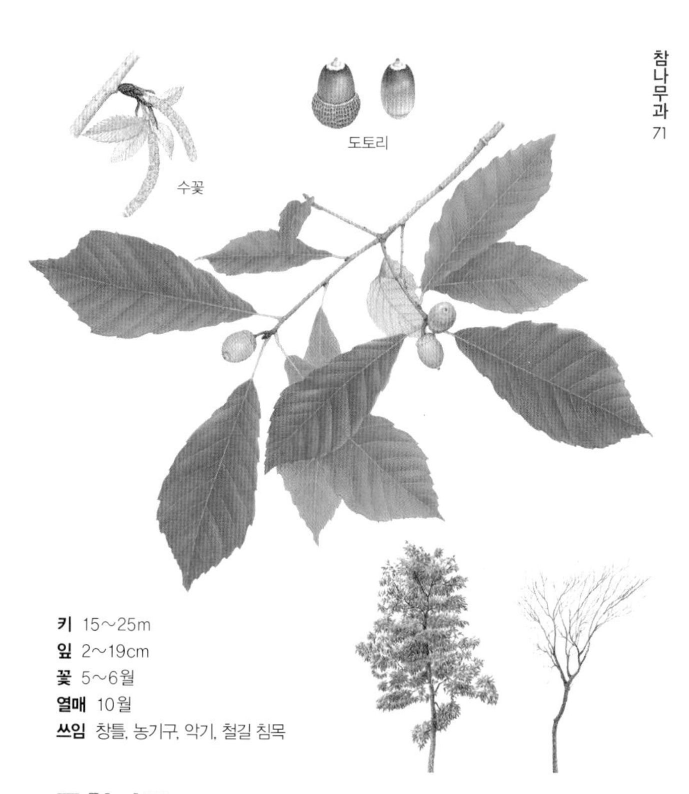

키 15~25m
잎 2~19cm
꽃 5~6월
열매 10월
쓰임 창틀, 농기구, 악기, 철길 침목

졸참나무 굴밤나무, 속소리나무 *Quercus serrata*

졸참나무는 축축하고 그늘진 산기슭이나 골짜기에서 많이 자라는 잎지는 큰키나무다. 도토리는 대추씨보다 조금 크다. 워낙 잘아서 줍다 보면 손가락 사이로 빠져나간다. 잎사귀도 참나무 가운데 가장 작다. 하지만 다른 참나무 못지않게 굵고 크게 자란다. 도토리가 작지만 맛이 좋아서 졸참나무 도토리묵을 더 쳐준다.

키 15m
잎 5~13cm
꽃 4월
열매 5~6월
쓰임 제기, 바리때, 반상기

느릅나무 왕느릅나무, 야유 *Ulmus davidiana* var. *japonica*

느릅나무는 산기슭에서 저절로 자라는 잎 지는 큰키나무다. 오래 살아서 마을을 지키는 당산나무로 삼는다. 느릅나무 껍질은 봄에 물이 오를 때 벗긴 뒤 말려서 끈을 만든다. 옛날에는 이 끈으로 짚신을 삼았다. 또 껍질을 몸에 난 종기에 박아 두면 고름이 나오고 잘 아문다. 봄에 돋는 어린잎을 따서 나물을 무치고 국을 끓여 먹는다.

키 30m
잎 2~13cm
꽃 4~5월
열매 10월
쓰임 가구, 악기, 농기구

느티나무 괴목, 정자나무 *Zelkova serrata*

느티나무는 정자나무로 많이 심는 잎 지는 큰키나무다. 줄기가 곧고 가지를 사방으로 고루 뻗는다. 여름에는 그늘이 좋아 마을 사람들이 모이고, 정월 대보름이면 제사도 지낸다. 요즘은 아파트나 길가에도 많이 심는다. 도시에서도 잘 자라고 공기를 맑게 한다. 박달나무 다음으로 단단해서 가구나 악기, 농기구, 배를 만든다.

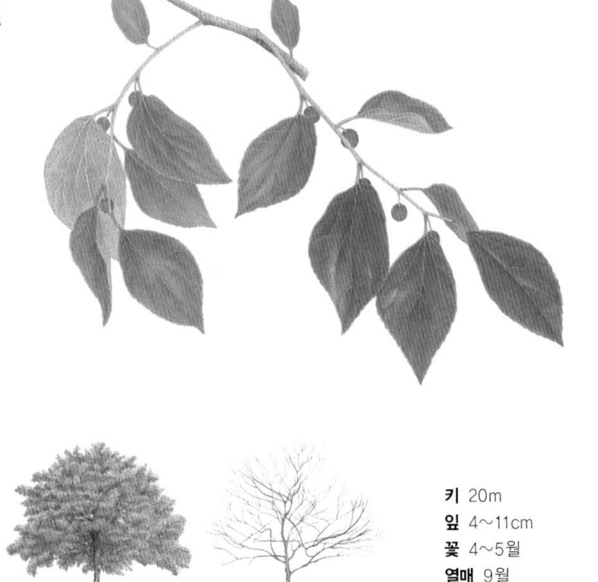

키 20m
잎 4~11cm
꽃 4~5월
열매 9월
쓰임 집, 가구, 도마, 배

팽나무 달주나무, 폭나무 *Celtis sinensis*

팽나무는 어디에서나 잘 자라는 잎 지는 큰키나무다. 오백 년에서 길게는 천 년까지 산다. 한곳에 뿌리를 내리면 우뚝 자라나 정자나무가 된다. 봄에 새순을 따서 나물로 먹고, 여름에는 넓은 그늘 밑에서 더위를 식힌다. 가을에 콩알만 한 열매가 빨갛게 익으면 따 먹는데 맛이 달다. 팽나무가 크면 통째로 베어 속을 파내고 통나무배를 만들었다.

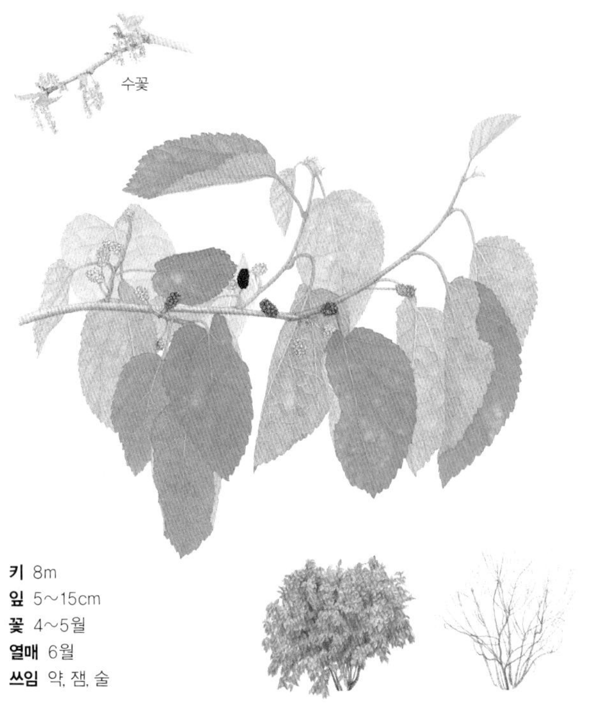

키 8m
잎 5~15cm
꽃 4~5월
열매 6월
쓰임 약, 잼, 술

뽕나무 오디나무, 백상 *Morus alba*

뽕나무는 잎 지는 큰키나무다. 원래는 크게 자라지만 사람들이 누에를 먹이려고 자꾸 잘라서 어른 키보다 조금 크다. 암수딴그루다. 쓸모가 많아서 옛날부터 사람들이 심어 길렀다. 뽕잎으로 누에를 치고, 뿌리는 약으로 쓴다. 줄기 껍질로는 옷감에 밤빛 물을 들인다. 열매는 오디라고 한다. 이른 여름에 까맣게 익는데 달고 맛있다.

키 2~3m
잎 5~20cm
꽃 5월
열매 6~7월
쓰임 한지, 문풍지, 장판

닥나무 딱나무 *Broussonetia kazinoki*

닥나무는 산에서 저절로 자라는 잎 지는 떨기나무다. 줄기를 꺾으면 '딱' 소리가 나면서 부러진다고 '딱나무' 라고도 한다. 닥나무 껍질로 한지를 만든다. 한지로는 책을 만들고 문에도 바르고 장판으로 깔았다. 이렇게 쓸모가 많아서 옛날부터 닥나무를 아주 귀하게 여겼다. 봄에는 새순을 나물로 먹고, 가을에는 뱀딸기처럼 익은 열매를 따 먹는다.

키 2~4m
잎 5~20cm
꽃 4~7월
열매 8~10월
쓰임 약, 잼, 술, 즙

무화과나무 *Ficus carica*

무화과나무는 심어 기르는 잎 지는 작은키나무다. 지중해에서 자라던 나무라 추위에 약하다. 꽃이 주머니 안에서 핀다. 가을에 꽃주머니가 그대로 열매가 된다. 무화과나무는 꽃이 안 피고 열매를 맺는 나무라는 뜻이다. 무화과는 빨갛게 익으면 따 먹는데 맛이 달다. 말리면 더 달다. 나무껍질에 상처가 나면 하얀 즙이 나오는데 사마귀에 바르면 잘 낫는다.

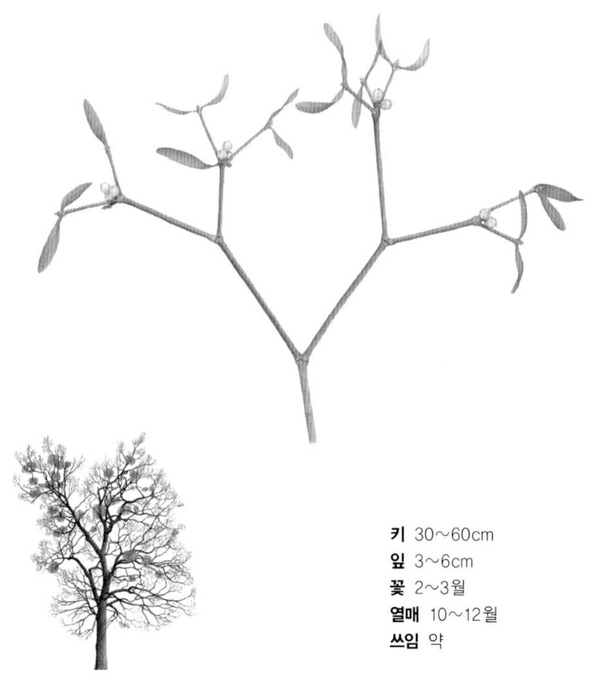

키 30~60cm
잎 3~6cm
꽃 2~3월
열매 10~12월
쓰임 약

겨우살이 겨우사리, 기생목 *Viscum album* var. *coloratum*

겨우살이는 살아 있는 나무에 뿌리를 내리고 더부살이하는 나무다. 참나무에 많이 산다. 나무 높이 달리고 겨울에도 잎이 안 진다. 멀리서 보면 까치 둥지처럼 보인다. 겨울에 눈에 더 잘 띈다. 새가 겨우살이 열매를 먹고 똥을 싸서 씨를 옮긴다. 새똥에 섞인 씨는 끈끈해서 나무에 딱 달라붙어 있다가 봄에 싹이 튼다. 달이거나 빻아서 약으로 쓴다.

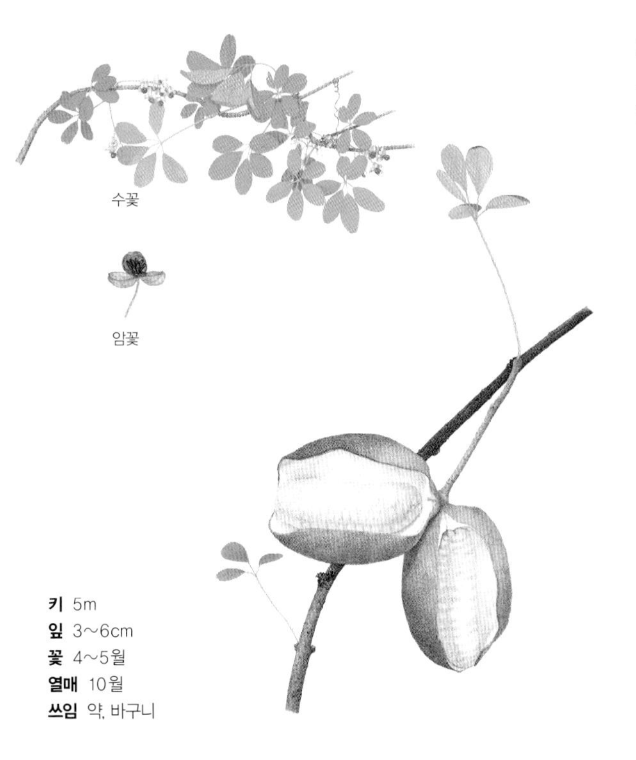

키 5m
잎 3~6cm
꽃 4~5월
열매 10월
쓰임 약, 바구니

으름덩굴 어름, 연복자, 통초 *Akebia quinata*

으름덩굴은 나무가 우거진 낮은 산기슭에서 저절로 자라는 잎 지는 덩굴나무다. 다른 나무를 타고 오른다. 강원도 아래 따뜻한 지방에서 잘 자란다. 가을에 열매가 여물면 배가 갈라지고 뽀얀 속살 덩어리가 드러나는데 달고 맛있다. 덩굴째 끊어서 방에 걸어 두면 두고두고 오래 먹을 수 있다. 속에 까만 씨가 다글다글 많다. 씨앗으로는 기름을 짠다.

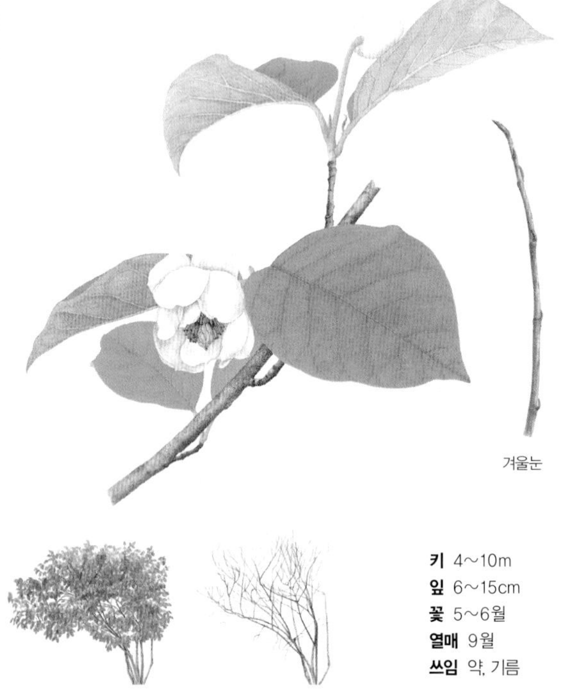

키 4~10m
잎 6~15cm
꽃 5~6월
열매 9월
쓰임 약, 기름

함박꽃나무 목란, 산목련 *Magnolia sieboldii*

함박꽃나무는 깊은 산골짜기나 산기슭에서 자라는 잎 지는 큰키나무다. 꽃이 목련꽃을 닮아 산목련, 개목련이라고도 한다. 목련은 꽃이 잎보다 먼저 피는데 함박꽃나무는 잎이 먼저 난다. 잎, 꽃, 나무껍질은 약으로 쓰고 열매에 들어 있는 씨앗으로 기름을 짠다. 목련과 함박꽃나무는 우리 토박이 나무다.

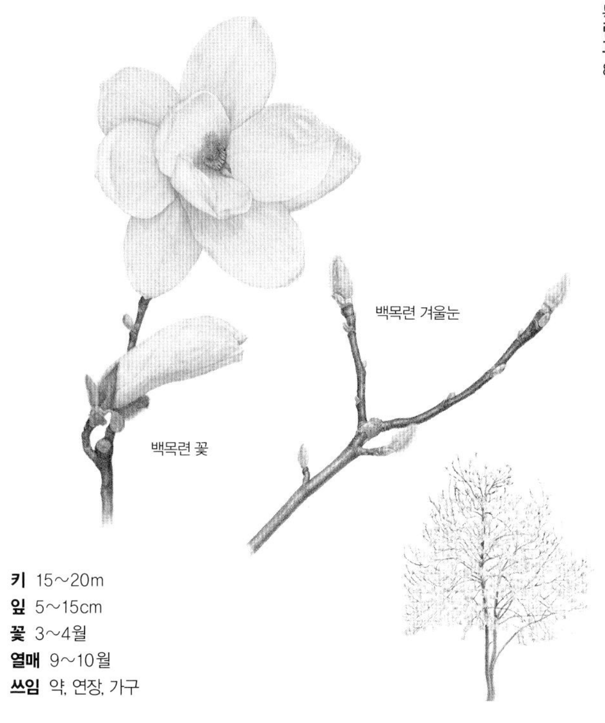

키 15~20m
잎 5~15cm
꽃 3~4월
열매 9~10월
쓰임 약, 연장, 가구

목련 목란, 목연, 두란 *Magnolia kobus*

목련은 겨울에 잎 지는 큰키나무다. 꽃이 연꽃 같다고 목련이다. 이른 봄에 잎보다 먼저 하얀 꽃이 활짝 핀다. 꽃이 질 때쯤 잎이 나온다. 공원이나 마당에 심은 목련은 거의 중국에서 들어온 백목련이다. 토박이 목련은 꽃잎이 좁고 뒤로 완전히 젖혀져서 활짝 핀다. 백목련은 꽃잎이 넓고 뒤로 젖혀지지 않는다. 꽃이 자줏빛인 자목련도 있다.

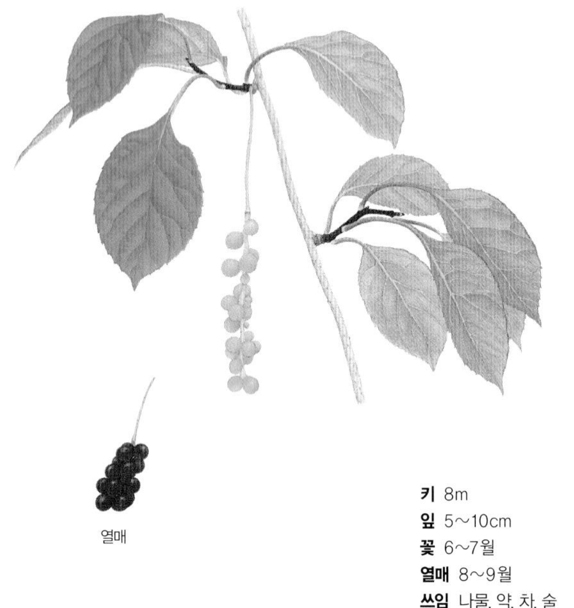
열매

키 8m
잎 5~10cm
꽃 6~7월
열매 8~9월
쓰임 나물, 약, 차, 술

오미자 *Schisandra chinensis*

오미자는 낮은 산기슭에서 자라는 잎 지는 덩굴나무다. 그늘이 지거나 돌이 많은 비탈길에서도 잘 뻗는다. 열매에서 시고, 달고, 쓰고, 맵고, 짠 다섯 가지 맛이 난다고 이름이 오미자다. 작고 둥근 열매가 포도송이처럼 가지에 달린다. 빨갛게 잘 익은 오미자를 따서 꿀에 재워 먹거나 물에 우려내 차로 마시면 기운이 나고 피로가 풀린다.

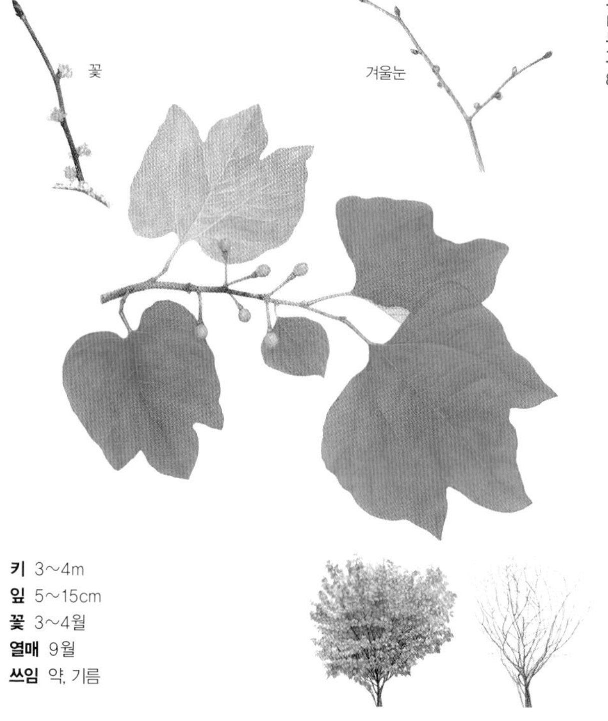

키 3~4m
잎 5~15cm
꽃 3~4월
열매 9월
쓰임 약, 기름

생강나무 개동백나무 *Lindera obtusiloba*

생강나무는 산에서 자라는 잎 지는 작은키나무다. 잎과 가지에서 생강 냄새가 난다고 생강나무다. 이른 봄 산속에서 가장 먼저 노란 꽃이 핀다. 산수유꽃과 꼭 닮았다. 생강나무는 꽃이 가지에 딱 붙고 줄기가 매끈하다. 산수유는 꽃대가 조금 있고 줄기가 이리저리 갈라지며 얇게 벗겨진다. 어린잎은 나물로 먹고 까만 열매로 기름을 짠다.

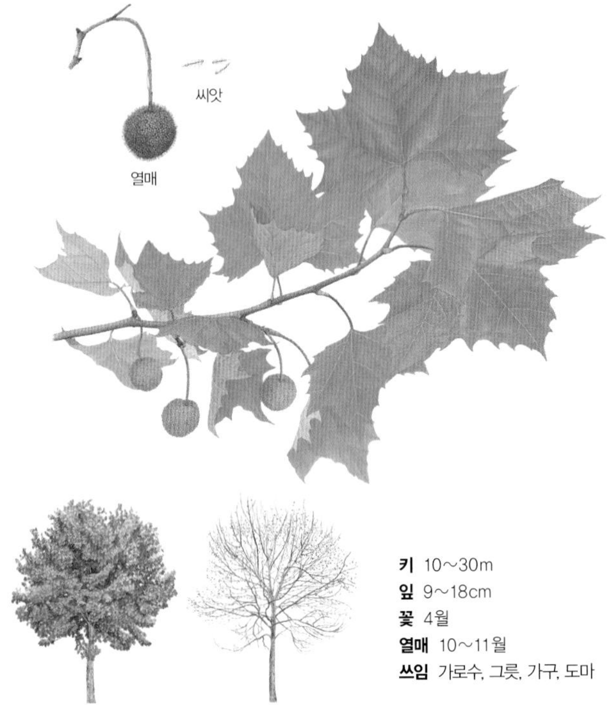

키 10~30m
잎 9~18cm
꽃 4월
열매 10~11월
쓰임 가로수, 그릇, 가구, 도마

플라타너스 방울나무, 버즘나무 *Platanus orientalis*

플라타너스는 길가에 많이 심는 잎 지는 큰키나무다. 나무껍질이 버즘 핀 것처럼 얼룩덜룩해서 버즘나무, 열매가 방울처럼 생겼다고 방울나무라고도 한다. 플라타너스는 튼튼하고 빨리 자란다. 나쁜 공기에 잘 견디고 먼지나 나쁜 물질을 빨아들여 큰 도시 길가에 많이 심는다. 방울이 세 개 달리면 플라타너스고 하나 달리면 미국플라타너스다.

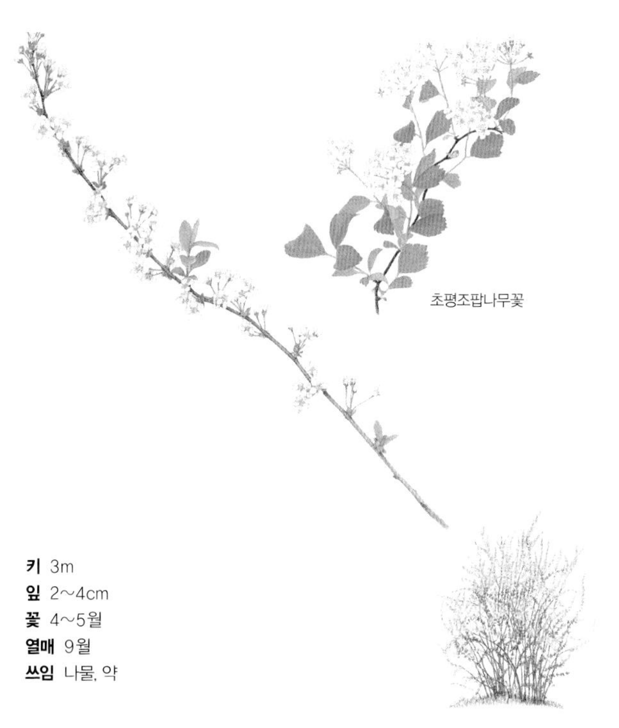

키 3m
잎 2~4cm
꽃 4~5월
열매 9월
쓰임 나물, 약

조팝나무 조밥나무, 튀밥꽃 *Spiraea prunifolia* for. *simpliciflora*

조팝나무는 산이나 들에서 저절로 자라는 잎 지는 떨기나무다. 산울타리로 많이 심는다. 봄에 가느다란 줄기에 작고 하얀 꽃들이 빽빽이 피어나 꼭 하얀 꽃 방망이 같다. 줄기가 춤을 추듯이 이리저리 뻗는다. 개나리처럼 잎보다 꽃이 먼저 핀다. 조팝이란 이름은 꽃 모양이 꼭 좁쌀을 튀겨 놓은 것 같다고 해서 붙었다.

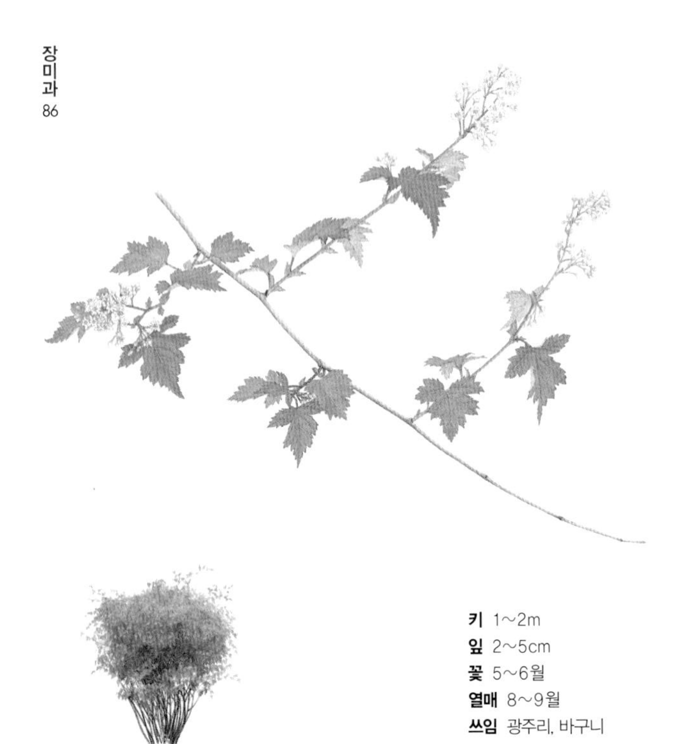

키 1~2m
잎 2~5cm
꽃 5~6월
열매 8~9월
쓰임 광주리, 바구니

국수나무 *Stephanandra incisa*

국수나무는 산어귀에서 자라는 잎 지는 떨기나무다. 공원이나 뜰에 많이 심는다. 가는 줄기를 잘라서 한쪽 끝을 철사로 밀면 속심이 국수 가락 뽑듯 나온다. 그래서 이름이 국수나무다. 예전에는 줄기에서 심을 빼고 속이 빈 줄기에 침을 넣어 새를 잡기도 했다. 여름에 흰 꽃이 오밀조밀 모여 피는데 향기가 좋다. 가을에는 붉게 단풍이 든다.

키 1~2m
잎 6~10cm
꽃 5~6월
열매 7~8월
쓰임 차, 즙, 약, 술, 잼

산딸기나무 나무딸기 *Rubus crataegifolius*

산딸기나무는 산어귀나 들판에서 저절로 자라는 잎 지는 떨기나무다. 여름이면 산딸기가 빨갛게 익는다. 잘 익은 산딸기는 새콤달콤 맛있다. 산딸기를 딸 때 잔가시에 손이 많이 긁힌다. 산딸기는 쉽게 짓물러서 따서 바로 먹어야 좋다. 산에 사는 새와 작은 들짐승도 산딸기를 좋아한다. 여름 들머리에 하얀 꽃이 피는데 꿀이 많아서 벌을 치기도 한다.

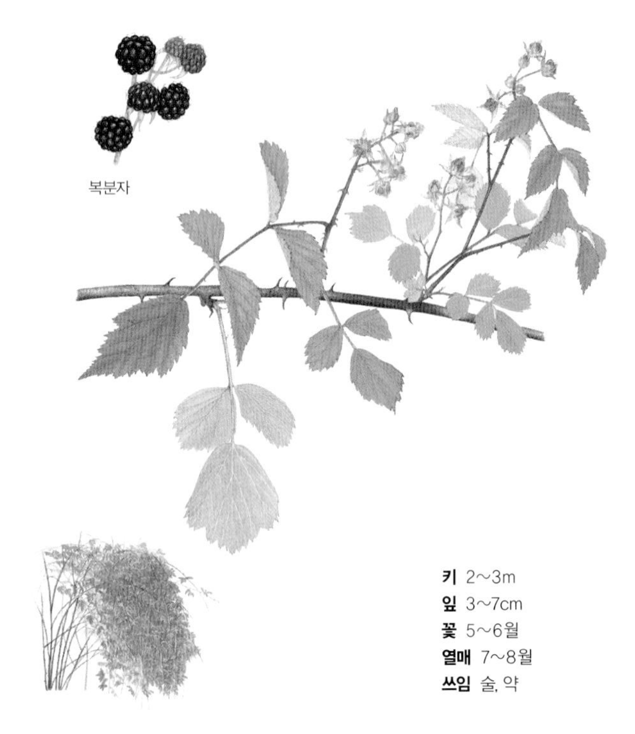

키 2~3m
잎 3~7cm
꽃 5~6월
열매 7~8월
쓰임 술, 약

복분자딸기 *Rubus coreanus*

복분자딸기는 산기슭에서 자라는 잎 지는 떨기나무다. 사람들이 복분자를 먹으려고 많이 심어 기른다. 복분자딸기꽃은 분홍빛이고 산딸기꽃은 하얗다. 또 산딸기는 빨갛게 익는데 복분자딸기는 까맣게 익는다. 달콤하면서도 새콤하다. 덤불에 가시가 많아서 손이 잘 긁힌다. 복분자는 그냥 먹기도 하지만 술을 많이 담근다.

열매

키 5~6m
잎 2~3cm
꽃 5월
열매 9월
쓰임 향수, 화장품, 약

찔레나무 가시나무, 들장미 *Rosa multiflora*

찔레나무는 산기슭이나 골짜기, 볕이 잘 드는 냇가에서 덤불을 이루며 자라는 잎 지는 떨기나무다. 가시가 많아서 가시나무라고도 하고 들에 나는 장미라고 들장미라고도 한다. 봄에 어린순을 따서 많이 먹는다. 껍질을 벗겨서 씹어 먹으면 달짝지근하다. 가을에 둥근 열매가 빨갛게 익는다. 말려서 설사가 나거나 배가 아플 때 약으로 쓴다.

키 1~2m
잎 2~5cm
꽃 6~9월
열매 8~10월
쓰임 약

해당화 때찔레, 붉은찔레 *Rosa rugosa*

해당화는 겨울에 잎 지는 떨기나무다. 바닷바람에 강하고 소금기도 잘 견뎌서 바닷가 모래땅에서 잘 자란다. 꽃을 보려고 집 가까이에 산울타리로 심기도 한다. 여름 들머리에 빨간 꽃이 큼지막하게 활짝 핀다. 멀리서도 눈에 확 뜨인다. 가지와 줄기에는 찔레나무처럼 가시가 많다. 열매는 빨갛게 익으면 따 먹는다. 새콤달콤하다.

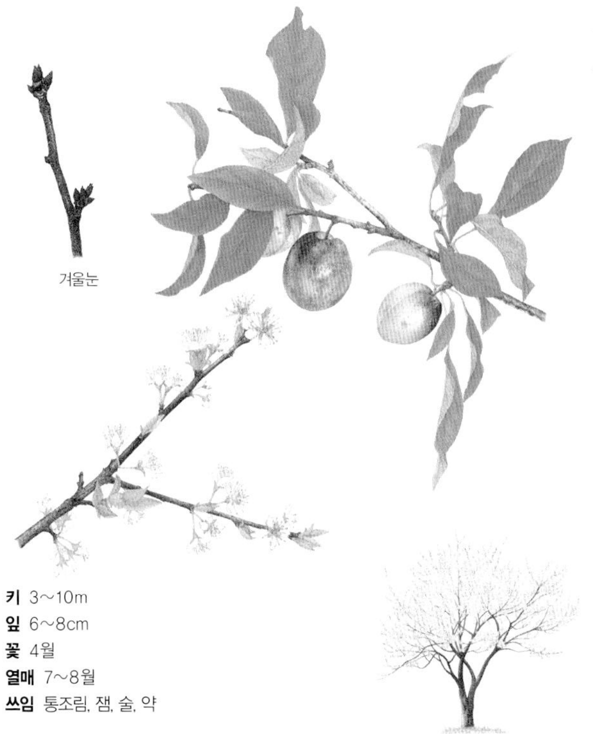

키 3~10m
잎 6~8cm
꽃 4월
열매 7~8월
쓰임 통조림, 잼, 술, 약

자두나무 추리나무, 오얏나무 *Prunus salicina*

자두나무는 자두를 따 먹으려고 심어 기르는 잎 지는 큰키나무다. 우리나라 어디서나 잘 자란다. 이른 봄에 잎보다 먼저 하얀 꽃이 흐드러지게 핀다. 여름에는 자두가 빨갛게 익는다. 자두는 시면서도 물이 많고 아주 달다. 자두라는 말만 들어도 입안에 침이 고인다. 잼이나 통조림을 만들어 오래 두고 먹기도 한다.

키 6m
잎 4~8cm
꽃 3~4월
열매 6~7월
쓰임 장아찌, 차, 잼, 술

매실나무 매화나무 *Prunus mume*

매실나무는 꽃을 보거나 열매를 먹으려고 심어 기르는 잎 지는 작은키 나무다. 꽃을 매화라고 하는데, 꽃 이름을 따서 매화나무라고도 한다. 이른 봄에 핀 꽃이 지면 얼마 지나지 않아 매실이 달린다. 맛이 몹시 시고 떫어서 날로는 안 먹고 차와 장아찌를 만든다. 여름에 매실차를 마시면 배탈이 안 나고 더위를 덜 탄다.

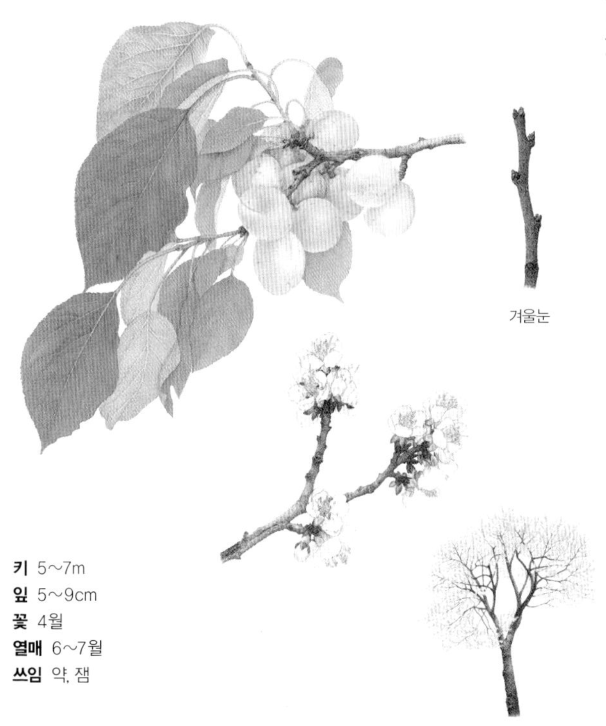

키 5~7m
잎 5~9cm
꽃 4월
열매 6~7월
쓰임 약, 잼

살구나무 *Prunus armeniaca* var. *ansu*

살구나무는 집 가까이 많이 심는 잎 지는 작은키나무다. 해가 잘 드는 곳이면 아무 데서나 잘 큰다. 이른 봄에 잎보다 먼저 연분홍빛 꽃이 활짝 핀다. 심은 지 4~5년이 지나면 꽃이 피고 살구가 열린다. 여름 들머리에 살구가 노랗게 익는데 향이 좋고 맛이 달다. 살구 껍질에는 솜털이 보송보송 나 있다. 알이 굵을수록 물도 많고 더 맛있다.

키 3~6m
잎 7~15cm
꽃 4월
열매 8월
쓰임 통조림, 잼

복숭아나무 복사나무 *Prunus persica*

복숭아나무는 열매를 먹으려고 기르는 잎 지는 작은키나무다. 이른 봄에 잎보다 먼저 분홍빛 꽃이 핀다. 한여름부터 가을 들머리까지 어른 주먹만 한 복숭아가 익는다. 익으면 속살이 물렁한 복숭아도 있고 딱딱한 것도 있다. 살이 많고 아주 달다. 겉껍질에 솜털이 나 있는데 잘못 만지면 몸이 가려워서 깨끗이 닦아 내고 먹는다.

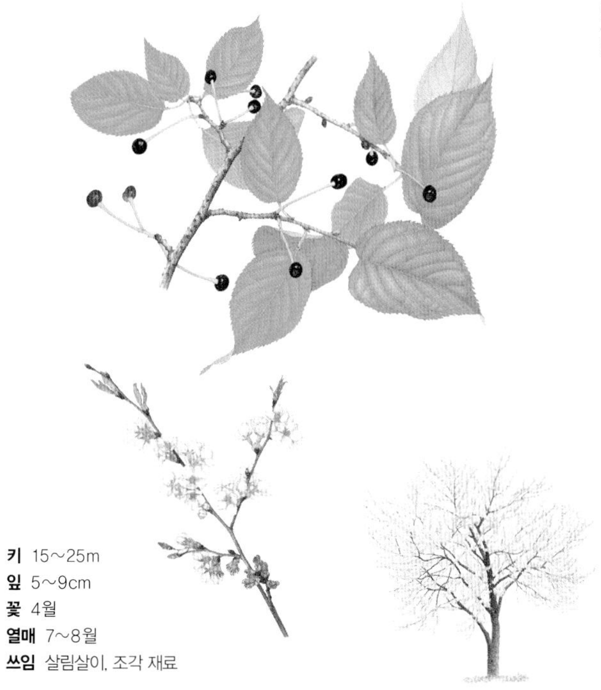

키 15~25m
잎 5~9cm
꽃 4월
열매 7~8월
쓰임 살림살이, 조각 재료

벚나무 벚나무 *Prunus serrulata* var. *spontanea*

벚나무는 본디 산과 들에서 자라는 잎 지는 큰키나무다. 요즘은 꽃을 보려고 공원이나 길옆에 많이 심는다. 봄이 오면 잎보다 먼저 하얀 꽃이 환하게 핀다. 바람이 불면 하얀 꽃잎이 눈처럼 휘날린다. 이른 여름에 콩알만 한 열매가 까맣게 익는다. 버찌라고 하는데 달고 맛있다. 왕벚나무 버찌는 더 큰데 맛은 없다. 산벚나무는 꽃과 잎이 같이 난다.

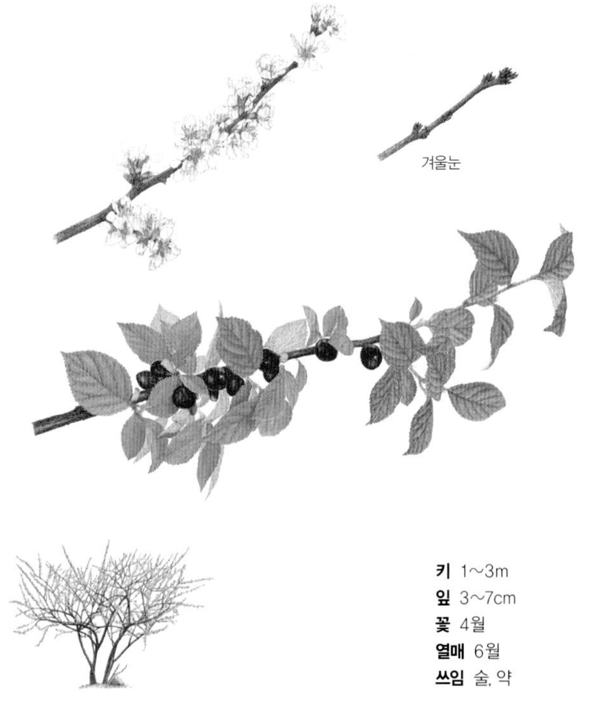

키 1~3m
잎 3~7cm
꽃 4월
열매 6월
쓰임 술, 약

앵두나무 앵도나무 *Prunus tomentosa*

앵두나무는 뜰이나 담 옆에 심어 기르는 잎 지는 떨기나무다. 봄에 하얀 꽃이 잎보다 먼저 핀다. 유월이 되면 앵두가 빨갛게 익어 나뭇가지에 송알송알 달린다. 나무가 작고 가지를 많이 쳐서 어린아이도 쉽게 따 먹을 수 있다. 바로 따 먹으면 맛이 달고 새콤하다. 물이 많아서 많이 먹으면 입이 빨개진다.

키 10m
잎 5~8cm
꽃 4~5월
열매 9~10월
쓰임 차, 술

모과나무 모개나무 *Chaenomeles sinensis*

모과나무는 따뜻한 남쪽 지방에서 잘 자라는 잎 지는 큰키나무다. 봄에 분홍빛 꽃이 피고 가을이 되면 가지가 늘어지도록 열매를 맺는다. 모과는 생김새가 울퉁불퉁하고 아주 딴딴하지만 냄새가 좋다. 방 안에 두면 좋은 냄새가 가득 퍼진다. 날로는 못 먹고 설탕에 재워 차로 먹는다. 목이 붓거나 아플 때, 기침이 날 때 약으로 먹는다.

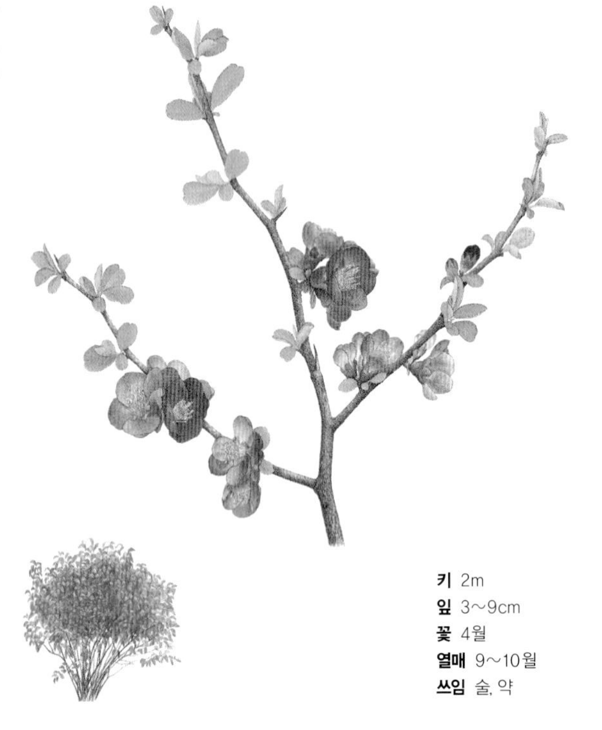

키 2m
잎 3~9cm
꽃 4월
열매 9~10월
쓰임 술, 약

명자꽃 산당화, 명자나무 *Chaenomeles speciosa*

명자꽃은 우리나라 어디서나 잘 자라는 잎 지는 떨기나무다. 본디 중국에서 자라는 나무다. 꽃이 예뻐서 공원이나 뜰에 많이 심는다. 가지에 가시가 나고 가지치기를 해도 잘 살아서 산울타리로 심기도 한다. 이른 봄에 잎보다 먼저 빨간 꽃이 핀다. 가을에는 사과만 한 열매가 누렇게 여문다. 냄새가 좋아서 그대로 먹거나 술을 담근다.

키 8~10m
잎 5~11cm
꽃 4~5월
열매 8월 초
쓰임 술, 차

능금나무 *Malus asiatica*

능금나무는 잎 지는 큰키나무다. 능금은 몇십 년 전만 해도 사과나 배처럼 흔한 과일이었다. 사과보다 훨씬 오래전부터 길렀다. 사과와 닮았는데 크기가 더 작다. 꽃도 사과꽃과 닮았는데 사과꽃과 달리 잎이 난 뒤에 꽃이 핀다. 늦여름에 풀빛 능금이 노랗게 익는데 한쪽만 빨갛다. 익으면 떫은맛이 사라지고 달고 맛있다. 씹으면 아삭아삭하다.

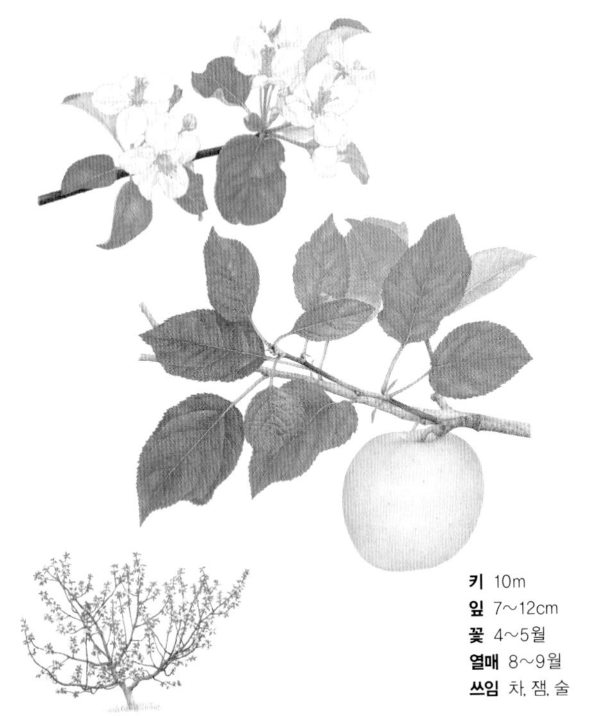

키 10m
잎 7~12cm
꽃 4~5월
열매 8~9월
쓰임 차, 잼, 술

사과나무 *Malus pumila*

사과나무는 밭에 심어 기르는 잎 지는 큰키나무다. 사과는 우리나라에서 가장 많이 나는 과일이다. 4~5월에 잎보다 먼저 꽃이 핀다. 꽃봉오리는 발그스름한데 꽃은 하얗다. 여름부터 가을까지 사과가 익는다. 사과는 달면서도 시고 아삭아삭하다. 품종마다 생김새와 빛깔이 여러 가지다. 빨간 사과부터 풀빛 사과까지 여러 색으로 익는다.

키 7~15m
잎 7~12cm
꽃 4~5월
열매 8~10월
쓰임 차, 염색, 악기, 가구, 합판

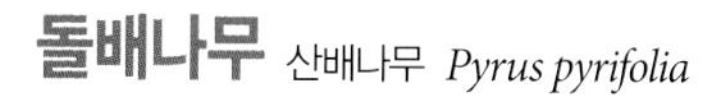

돌배나무 산배나무 *Pyrus pyrifolia*

돌배나무는 잎 지는 큰키나무다. 돌배는 아주 옛날부터 우리 조상들이 즐겨 먹던 과일이다. 배보다 훨씬 딴딴하고 크기도 작다. 아기 주먹만 하다. 잘 익은 돌배는 맛이 달다. 바로 따서 먹을 수도 있고 얼려 먹거나 말려서 차처럼 달여 먹기도 한다. 독이나 항아리 속에 넣고 뚜껑을 덮어 두면 돌배가 까매지면서 향기도 짙어지고 맛도 더 달아진다.

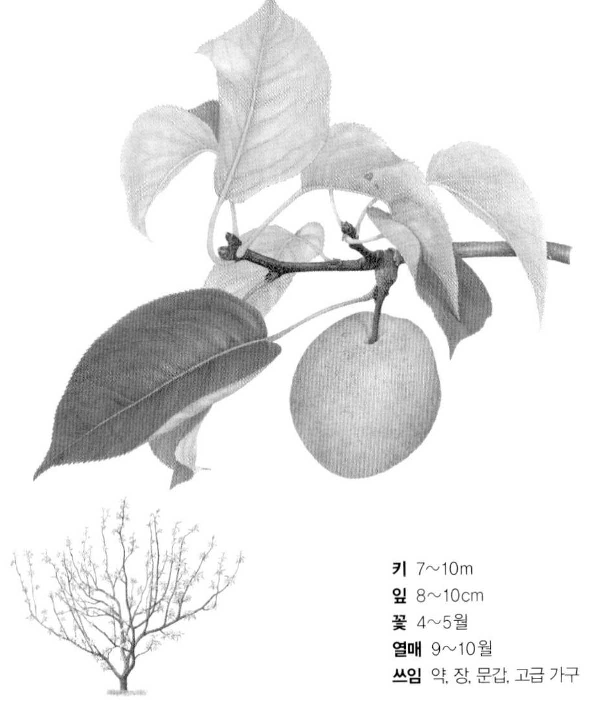

키 7~10m
잎 8~10cm
꽃 4~5월
열매 9~10월
쓰임 약, 장, 문갑, 고급 가구

배나무 *Pyrus pyrifolia* var. *culta*

배나무는 배를 먹으려고 심어 기르는 잎 지는 큰키나무다. 본디 산에서 자라던 돌배나무를 개량해서 오래전부터 길러 왔다. 날씨가 따뜻하고 비가 많이 오는 곳에서 잘 자란다. 경기도 평택과 남양주, 전라남도 나주는 배가 많이 나는 곳으로 유명하다. 요즘은 여러 품종 가운데 '신고'를 가장 많이 심는다. 신고 배는 껍질이 얇고 물이 많고 달다.

키 6~8m
잎 2~8cm
꽃 5~6월
열매 9~10월
쓰임 약, 가구, 조각, 지팡이

마가목 *Sorbus commixta*

마가목은 높은 산 중턱이나 꼭대기에 모여 사는 잎 지는 큰키나무다. 요즘은 공원이나 아파트 단지에도 많이 심는다. 늦봄에 하얀 꽃이 피고 가을에 빨간 단풍이 든다. 가을에 작고 빨간 열매가 달리는데 먹을 수 있다. 맛이 떫거나 쓴 것도 있지만 달고 상큼한 것도 있다. 열매를 얼리면 더 달다. 추워져도 열매가 오랫동안 달려 있어 꽤 늦게까지 딸 수 있다.

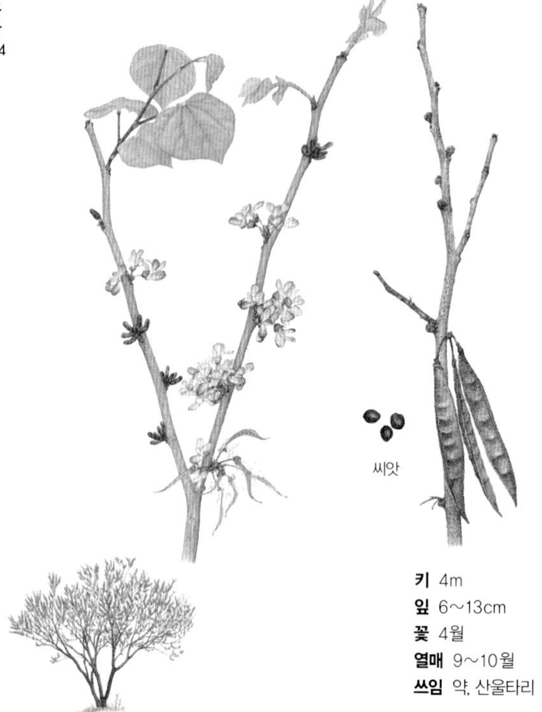

키 4m
잎 6~13cm
꽃 4월
열매 9~10월
쓰임 약, 산울타리

박태기나무 구슬꽃나무, 소방목 *Cercis chinensis*

박태기나무는 공원이나 집 뜰에 심어 기르는 잎 지는 떨기나무다. 가지 모양을 다듬어 울타리로 가꾸기도 한다. 이른 봄 빨간 꽃이 잎이 나기도 전에 소복소복 핀다. 가을에는 꼬투리가 여문다. 바람이 불면 꼬투리 안에 씨들이 부딪혀 달각달각 소리를 낸다. 나무껍질은 오줌을 잘 누게 하고 독을 없애는 약으로 쓴다.

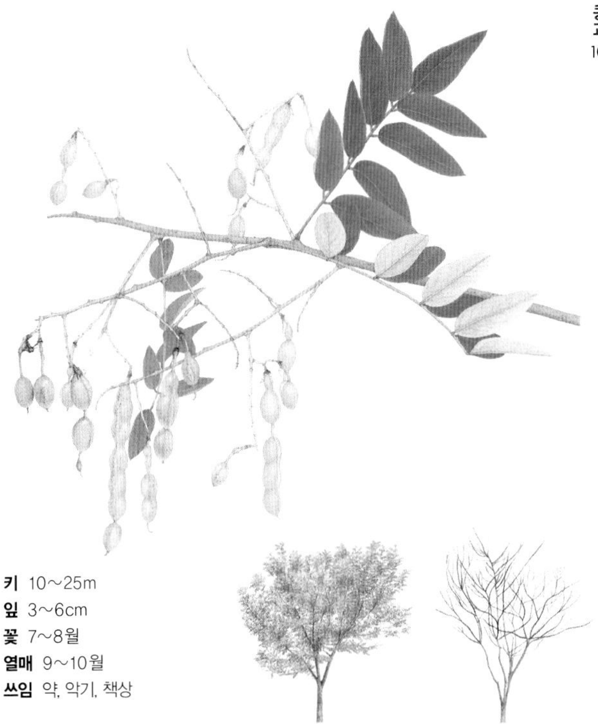

키 10~25m
잎 3~6cm
꽃 7~8월
열매 9~10월
쓰임 약, 악기, 책상

회화나무 회나무, 괴목 *Sophora japonica*

회화나무는 느티나무처럼 정자나무로 많이 심는 잎 지는 큰키나무다. 요즘은 길가에도 많이 심는다. 예로부터 '선비나무'라고 해서 집에 심으면 큰 선비나 학자가 난다고 믿었다. 여름에 노르스름한 꽃이 흐드러지게 피는데 냄새가 좋고 꿀이 많아서 벌을 치기 좋다. 가을이면 염주처럼 생긴 꼬투리 열매가 달린다. 열매는 열 내리는 약으로 쓴다.

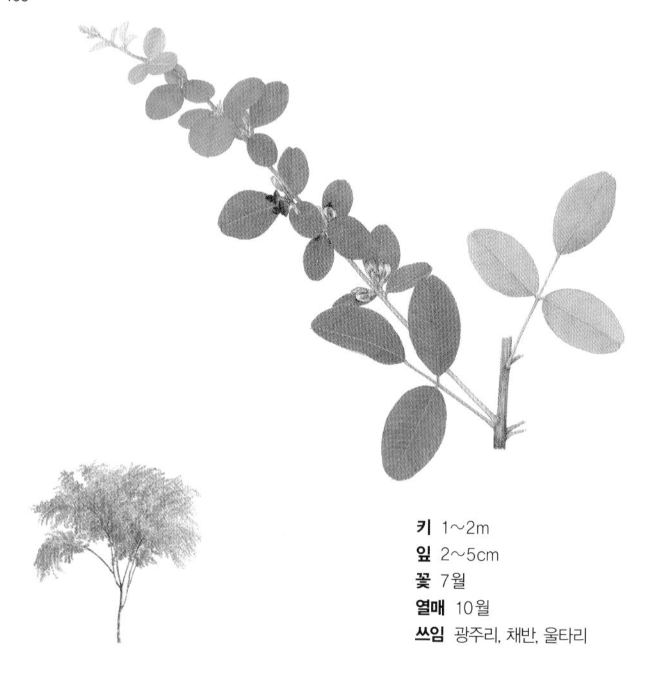

키 1~2m
잎 2~5cm
꽃 7월
열매 10월
쓰임 광주리, 채반, 울타리

싸리나무 싸리, 삐울채, 챗가지 *Lespedeza bicolor*

싸리나무는 산에서 흔히 보는 잎 지는 떨기나무다. 잎 석 장이 한 잎이다. 쪽잎 끝이 옴폭 들어갔다. 여름부터 자줏빛 꽃이 자잘자잘 피는데 꿀이 많아서 벌을 치기 좋다. 싸릿가지는 잘 구부러지고 질기다. 줄기 껍질을 벗겨서 광주리나 채반을 만든다. 싸릿대를 묶어 비도 맨다. 사립문이나 울타리도 싸릿대를 엮어서 쳤다. 가을에는 노랗게 단풍이 든다.

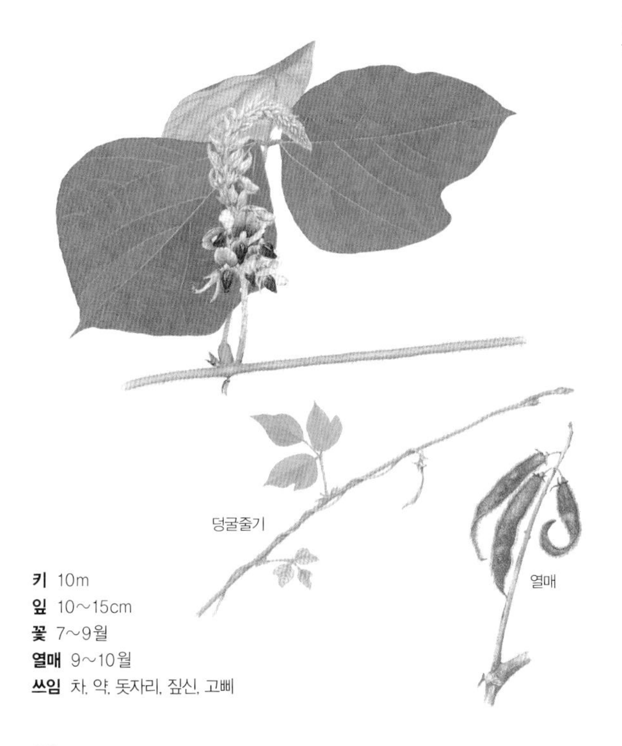

키 10m
잎 10~15cm
꽃 7~9월
열매 9~10월
쓰임 차, 약, 돗자리, 짚신, 고삐

칡 칠기, 칡덤불, 칡덩굴 *Pueraria lobata*

칡은 볕이 잘 드는 곳이면 어디서든지 잘 자라는 잎 지는 덩굴나무다. 긴 줄기가 땅을 기다가 감을 것이 있으면 타고 올라간다. 무척 잘 자라서 나무를 온통 뒤덮기도 한다. 칡 줄기는 질겨서 쓸모가 많다. 옛날에는 짚신을 삼고 고삐도 만들었다. 이른 봄이나 늦가을에 뿌리를 캐서 먹는다. 질겅질겅 씹으면 쌉싸름하면서도 달다.

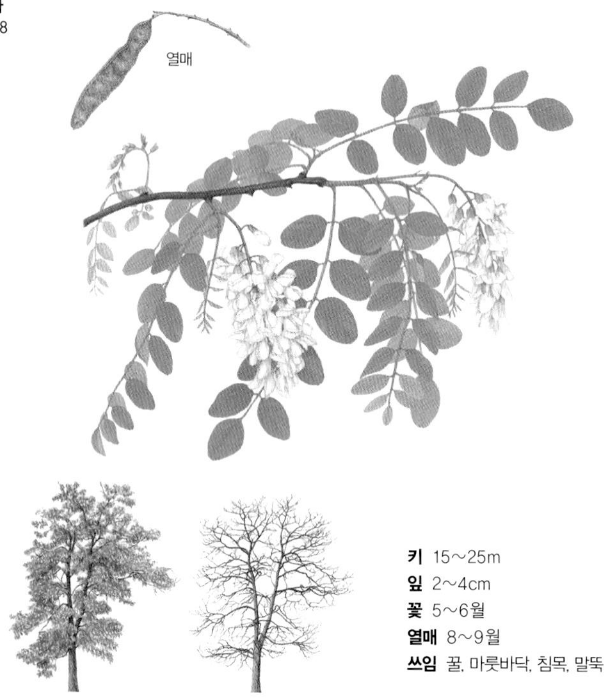

키 15~25m
잎 2~4cm
꽃 5~6월
열매 8~9월
쓰임 꿀, 마룻바닥, 침목, 말뚝

아까시나무 아가시나무, 가시나무 *Robinia pseudoacacia*

아까시나무는 잎 지는 큰키나무다. 메마르고 거친 땅에서 잘 자라 금세 산을 푸르게 한다. 뿌리에 뿌리혹박테리아가 있어서 거름 없이도 잘 자라고 흙을 기름지게 한다. 이른 여름에 하얀 꽃이 수북하게 핀다. 향기가 진해서 멀리 퍼진다. 송이째 따서 훑어 먹으면 맛이 달다. 꽃에는 꿀이 많아서 벌을 치기 좋다. 꿀이 맑고 달다. 줄기와 가지에 가시가 있다.

키 1~3m
잎 2~5cm
꽃 7~8월
열매 9~10월
쓰임 기름, 약

산초나무 분지나무, 상초 *Zanthoxylum schinifolium*

산초나무는 양지바른 산기슭에서 드문드문 자라는 잎 지는 떨기나무다. 잎을 따서 비비면 향긋한 냄새가 난다. 산초나무와 초피나무는 아주 닮았지만 다른 나무다. 산초나무 줄기에는 가시가 어긋나게 나고 초피나무는 마주 난다. 산초나무 열매는 기름을 짜고 약으로 쓴다. 초피나무 열매는 미꾸라짓국에 향을 보태려고 넣는다.

키 3m
잎 3~6cm
꽃 5월
열매 9~10월
쓰임 차, 약, 산울타리

탱자나무 구귤, 지귤 *Poncirus trifoliata*

탱자나무는 잎 지는 떨기나무다. 양지바른 산기슭이나 들판에서 저절로 자란다. 탱자나무 가시는 아주 뾰족하고 억세다. 나무가 다 자라도 나지막해서 울타리로 많이 심는다. 봄에 흰 꽃이 피고, 가을에 탱자가 샛노랗게 익는다. 귤과 닮았는데 알은 더 잘고 단단하다. 맛이 시고 써서 날로는 못 먹는다. 말려서 약으로 쓰거나 차를 담가 먹는다.

키 4~6m
잎 6~9cm
꽃 5~6월
열매 10월
쓰임 차

유자나무 *Citrus junos*

유자나무는 남쪽 지방에서 많이 자라는 늘 푸른 떨기나무다. 가지에 길고 뾰족한 가시가 있고 잎자루에 날개가 있다. 가을에 귤보다 큰 열매가 노랗게 익는다. 시고 써서 날로는 못 먹는다. 껍질째 썰어서 설탕에 재워 차를 끓여 마신다. 가래를 삭이고 감기 몸살에 좋다. 전라남도 고흥, 경상남도 거제에서 나는 유자가 맛과 향이 좋다.

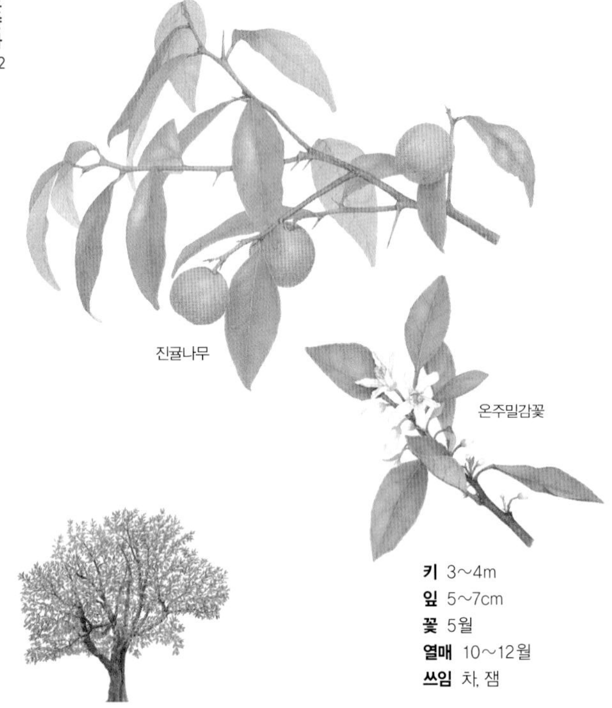

키 3~4m
잎 5~7cm
꽃 5월
열매 10~12월
쓰임 차, 잼

귤나무 감귤나무, 밀감나무 *Citrus unshiu*

귤나무는 겨울에도 잎이 안 지는 늘 푸른 작은키나무다. 제주도나 남해안 같은 따뜻한 곳에서 자란다. 귤은 겨울에 흔하게 먹는 과일이다. 봄에 하얀 꽃이 피고, 풀빛 열매가 가을과 겨울 사이에 노랗게 익는다. 탱자나무에 귤나무 눈을 잘라 접을 붙여 기른다. 맛이 상큼하고 달다. 껍질째 말려 차로 마시면 소화가 잘 되고 감기가 잘 낫는다.

키 20m
잎 8~15cm
꽃 6월 중순
열매 10월
쓰임 나물, 가구, 악기, 기둥

참죽나무 참중나무, 쭉나무 *Cedrela sinensis*

참죽나무는 잎 지는 큰키나무다. 쪽잎이 10~20장 붙는 깃꼴겹잎이다. 잔가지 없이 곧고 빠르게 자라서 집 지을 때 기둥으로 쓴다. 울타리 옆이나 뒤뜰에 심는다. 산에서는 거의 볼 수 없다. 집 가까이 심어 놓고 봄에 새순이 돋자마자 뜯는다. 새순을 데쳐 먹고 튀겨 먹고 장아찌를 담가 먹는다. 새순을 많이 뜯으면 가지를 못 뻗고 키만 껑충 자란다.

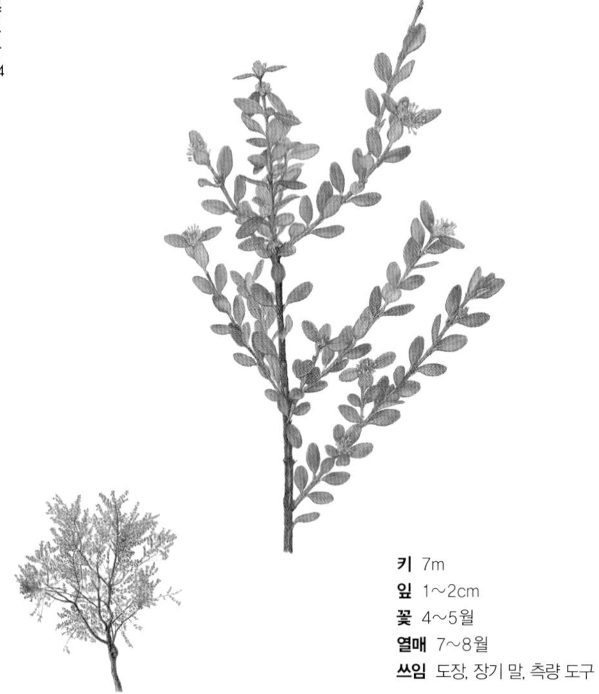

키 7m
잎 1~2cm
꽃 4~5월
열매 7~8월
쓰임 도장, 장기 말, 측량 도구

회양목 고양나무 *Buxus microphylla* var. *koreana*

회양목은 뜰이나 공원에 많이 심는 늘 푸른 떨기나무다. 우리나라 토박이 나무다. 길가에 아담하게 줄줄이 심은 나무가 회양목이다. 본디 산기슭이나 산골짜기, 석회가 많은 땅에서 저절로 자란다. 회양목은 아주 더디게 자란다. 그만큼 나무가 단단하고 촘촘하다. 매끄럽고 윤기가 나서 도장을 만든다. 그래서 도장나무라는 별명이 붙었다.

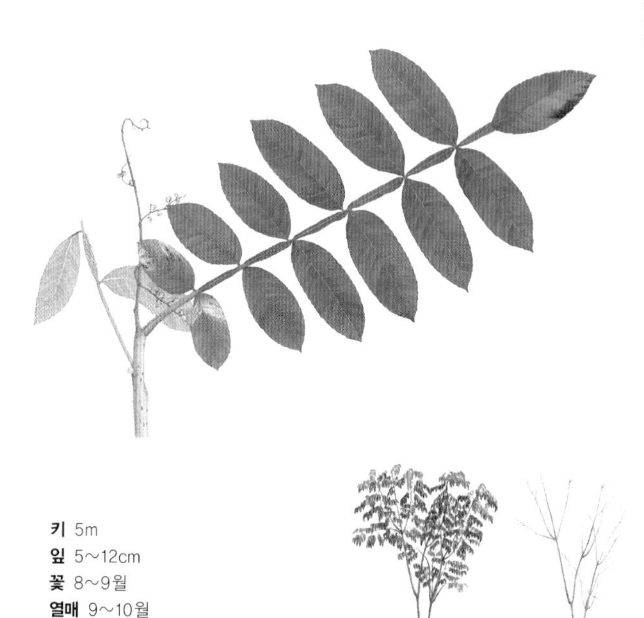

키 5m
잎 5~12cm
꽃 8~9월
열매 9~10월
쓰임 약

붉나무 오배자나무, 불나무, 굴나무 *Rhus javanica*

붉나무는 양지바른 산기슭에서 저절로 자라는 잎 지는 작은키나무다. 기다란 잎대에 좁은 날개가 붙어 있다. 가을에 잎이 붉게 물들고 작고 동그란 열매가 주렁주렁 달린다. 붉나무에 상처가 나면 하얀 즙이 나온다. 살갗에 닿으면 아주 가려워서 안 닿게 조심해야 한다. 붉나무에 생긴 벌레집을 오배자라고 하는데 약으로 쓰고 옷감을 물들인다.

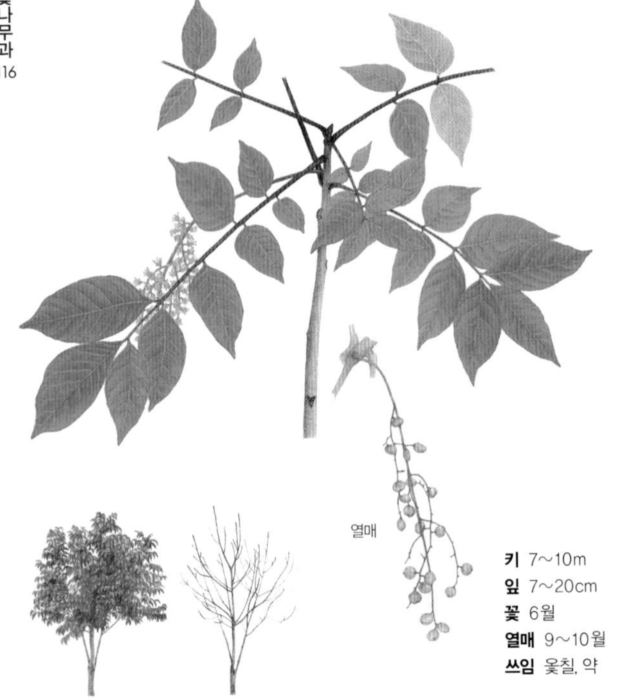

키 7~10m
잎 7~20cm
꽃 6월
열매 9~10월
쓰임 옻칠, 약

옻나무 칠목, 칠순채, 오지나물 *Rhus verniciflua*

옻나무는 옻을 받으려고 심어 기르는 잎 지는 큰키나무다. 옻나무 줄기에서 나오는 진을 '옻'이라 하는데 가구나 나무 그릇에 칠한다. 옻칠을 하면 열에 잘 견디고 안 썩는다. 옻나무에는 독이 있어서 만지면 옻이 오른다. 옻이 오르면 살이 가렵고 온몸에 빨간 두드러기가 난다. 새순은 나물로 먹는데 옻독이 오르는 사람은 못 먹는다.

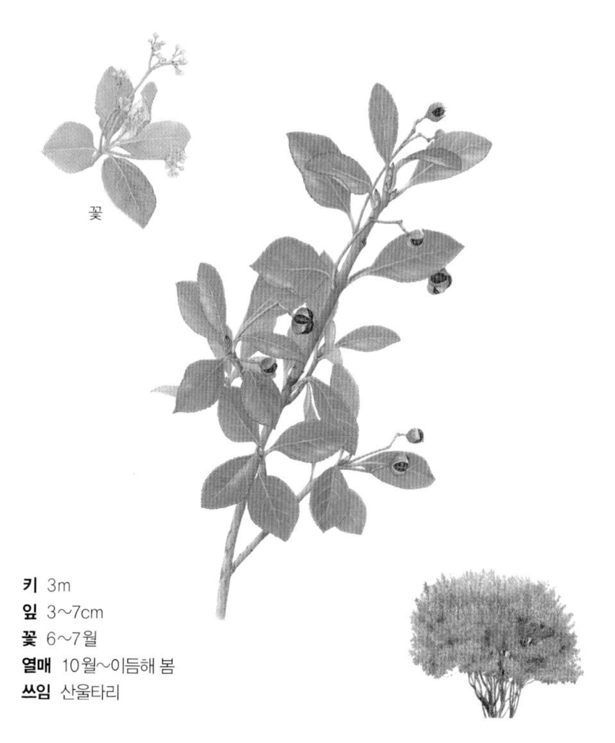

키 3m
잎 3~7cm
꽃 6~7월
열매 10월~이듬해 봄
쓰임 산울타리

사철나무 동청목 *Euonymus japonicus*

사철나무는 사철 잎이 안 지는 늘 푸른 떨기나무다. 양지바른 산기슭이나 바닷가 가까이에서 저절로 자란다. 잎이 넓은 늘푸른나무 가운데 추위에 가장 강해서 황해도처럼 추운 곳에서도 자란다. 공원이나 집 둘레에 심어 기르기도 한다. 공기 오염에 강하고 가지치기를 해도 잘 자라서 산울타리로 가꾼다. 빨간 열매를 겨우내 달고 있다.

키 1~3m
잎 3~5cm
꽃 5~6월
열매 9~10월
쓰임 약, 나무못, 지팡이, 공예품

화살나무 참빗나무, 횟잎나무 *Euonymus alatus*

화살나무는 낮은 산기슭이나 들에서 저절로 자라는 잎 지는 떨기나무다. 집 뜰에 심기도 한다. 가지에 화살 깃처럼 생긴 날개가 두 줄에서 넉 줄쯤 붙어 있다. 잎과 꽃이 다 진 뒤에도 가지를 보고 쉽게 알아볼 수 있다. 봄에 뾰족하게 돋아난 순을 나물로 먹는다. 가을에 빨갛게 단풍이 들고, 빨간 열매가 겨울까지 달려 있다.

키 20m
잎 6~8cm
꽃 4~5월
열매 9~10월
쓰임 가구, 악기, 수액

고로쇠나무 *Acer mono*

고로쇠나무는 우리나라에서 자라는 단풍나무 가운데 가장 크게 자란다. 산골짜기나 양지바른 산허리에서 잘 자라는 잎 지는 큰키나무다. 가을에 잎이 노랗게 물든다. 공원이나 마당에 심기도 한다. 줄기에서 받은 물을 고로쇠 약수라고 한다. 이른 봄에 나무줄기에 흠집을 내어 받는다. 이 물을 마시면 뼈가 튼튼해지고 신경통과 위장병에 좋다.

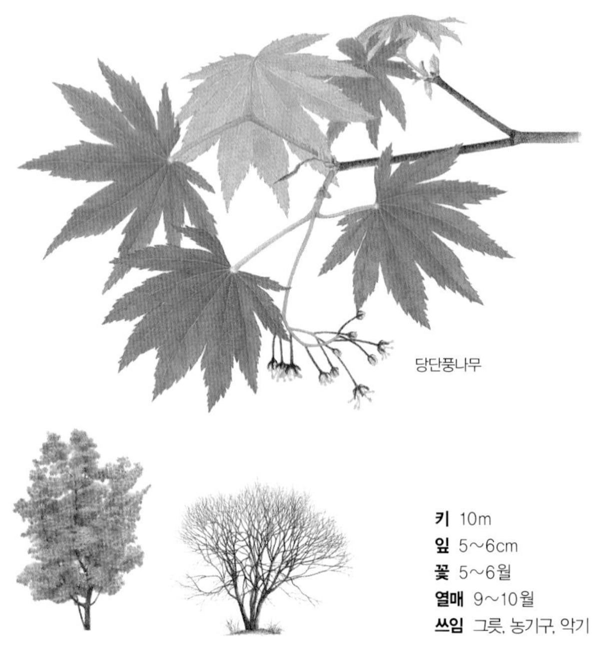

키 10m
잎 5~6cm
꽃 5~6월
열매 9~10월
쓰임 그릇, 농기구, 악기

단풍나무 참단풍나무 *Acer palmatum*

단풍나무는 겨울에 잎 지는 큰키나무다. 산에는 단풍나무와 당단풍나무가 흔하다. 단풍나무는 따뜻한 남쪽 지방에서 잘 자라고, 당단풍나무는 조금 더 북쪽 지방에서 잘 자란다. 북한산이나 설악산에 많다. 단풍나무는 잎이 5~7갈래로 갈라지고, 당단풍나무는 9~11갈래로 갈라진다. 가을에 잎이 빨갛게 물든다. 열매는 잠자리 날개처럼 생겼다.

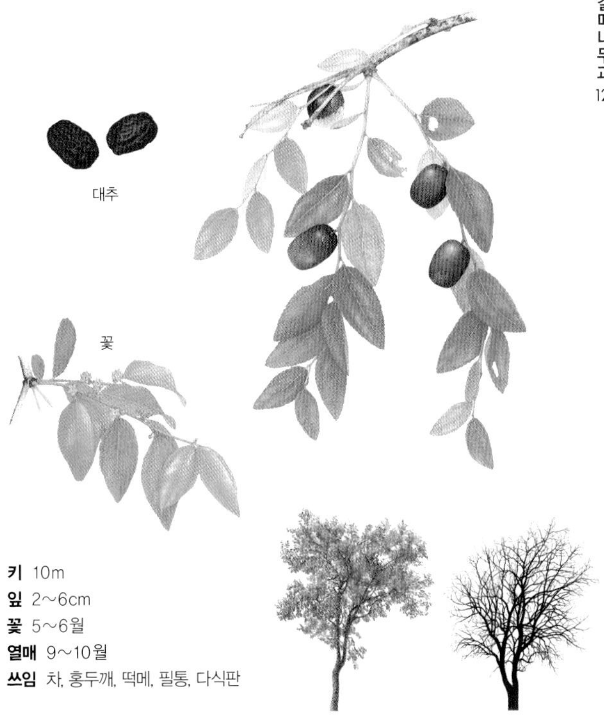

키 10m
잎 2~6cm
꽃 5~6월
열매 9~10월
쓰임 차, 홍두깨, 떡메, 필통, 다식판

대추나무 *Zizyphus jujuba* var. *inermis*

대추나무는 대추를 따려고 심는 잎 지는 큰키나무다. 옛날부터 집 가까이나 밭둑에 많이 심었다. 심은 지 3년쯤 지나면 열매를 따 먹을 수 있다. 풋대추는 약간 신맛이 나고 아삭아삭하다. 빨갛게 익으면 달다. 따서 말리면 껍질이 쭈글쭈글해 진다. 속살이 누레지면서 쫄깃쫄깃하고 더 달다. 말린 대추는 오래 두고 먹는다.

키 3m
잎 10~30cm
꽃 5~6월
열매 9월
쓰임 잼, 술, 즙

포도 *Vitis vinifera*

포도는 열매를 먹으려고 심어 기르는 잎 지는 덩굴나무다. 온 세계에서 가장 많이 심는 과일나무다. 우리나라에서는 고려 시대 이전부터 길렀다. 포도는 햇가지에서만 열린다. 처음에는 푸르다가 차츰 붉은빛이 돌면서 까맣게 익는다. 다 익어도 색이 푸른 청포도도 있다. 맛이 달고 시다. 날로 먹거나 말려서 건포도를 만들고 술을 담근다.

왕머루

키 10~15m
잎 12~25cm
꽃 5~6월
열매 9~10월
쓰임 약, 술, 즙

머루 산포도 *Vitis coignetiae*

머루는 다른 나무를 기어오르거나 땅 위로 뻗어 나가며 자라는 잎 지는 덩굴나무다. 산속에서 많이 자란다. 열매는 포도송이처럼 생겼는데 알이 포도보다 작고 성글게 달린다. 가을에 열매가 까맣게 익었을 때 따 먹는데, 향기가 짙고 물이 많고 달다. 서리가 내린 뒤에 따 먹으면 더 맛있다. 머루는 즙을 짜거나 술을 담근다.

키 10m
잎 10~12cm
꽃 6~7월
열매 9~10월
쓰임 약, 술

담쟁이덩굴 담장이덩굴, 돌담장이 *Parthenocissus tricuspidata*

담쟁이덩굴은 돌담이나 나무를 기어오르면서 자라는 잎 지는 덩굴나무다. 산과 들에서 저절로 자란다. 여름에 잎이 푸르게 우거지고 가을 단풍도 예뻐서 벽 가까이 많이 심어 기른다. 가지 끝에 빨판이 있어서 벽에 착 달라붙는데, 억지로 떼려 해도 잘 안 떨어진다. 가을이면 잎이 빨갛게 물든다. 검은 보랏빛 열매가 달리는데 먹을 수 있다.

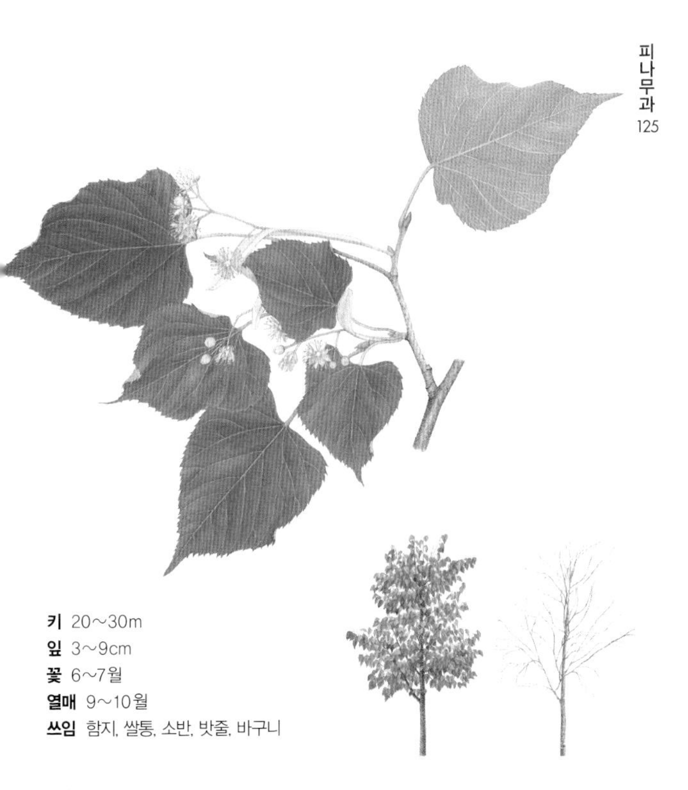

키 20~30m
잎 3~9cm
꽃 6~7월
열매 9~10월
쓰임 함지, 쌀통, 소반, 밧줄, 바구니

피나무 달피나무, 피목 *Tilia amurensis*

피나무는 높은 산에서 자라는 잎 지는 큰키나무다. 피나무 껍질은 질기고 튼튼하다. 물에 젖어도 잘 안 썩어서 그물이나 밧줄, 바구니를 만든다. 옛날에는 옷도 만들고 삿자리를 만들어 방바닥에 깔기도 했다. 피나무라는 이름은 이렇게 껍질을 쓰는 나무라는 데서 붙었다. 꽃에는 꿀이 많아 벌을 친다.

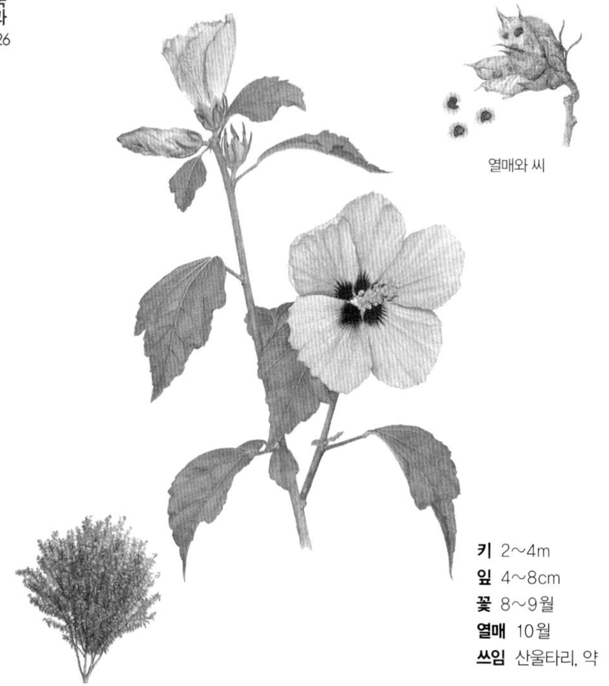
열매와 씨

키 2~4m
잎 4~8cm
꽃 8~9월
열매 10월
쓰임 산울타리, 약

무궁화 무강나무, 목근 *Hibiscus syriacus*

무궁화는 뜰에 심어 기르는 잎 지는 떨기나무다. 촘촘히 심어서 울타리로 삼는다. 흰빛, 보랏빛, 붉은빛 꽃이 큼직하게 핀다. 아침이면 활짝 피었다가 저녁에 지는데 꽃이 질 때는 송이째 툭 떨어진다. 한 송이 한 송이씩 여름부터 가을까지 잇달아 피고 진다. 꽃은 약으로 쓰는데 설사를 멎게 한다. 무궁화는 우리나라 나라꽃이다.

키 25~30m
잎 6~12cm
꽃 5~6월
열매 9~10월
쓰임 약, 노끈, 지팡이, 낫자루

다래나무 참다래 *Actinidia arguta*

다래나무는 다른 나무를 휘감으며 자라는 잎 지는 덩굴나무다. 깊은 산에서 자란다. 가을이 되면 다래가 물렁물렁하게 익는다. 대추를 닮았는데 다 익어도 파랗다. 속살이 부드럽고 달다. 다래를 따서 항아리에 며칠 넣어 두면 더 맛있다. 덜 익은 다래는 맛이 시고 그냥 먹으면 물똥을 싼다. 봄에 어린잎을 따서 나물로 먹는다.

키 6~8m
잎 2~15cm
꽃 10~11월
열매 이듬해 10~11월
쓰임 차, 약

차나무 *Camellia sinensis*

차나무는 심어 기르는 늘 푸른 떨기나무다. 차나무 잎을 따서 녹차나 홍차를 만든다. 따뜻하고 비가 많이 오는 전라남도 보성, 광양, 경상남도 하동, 제주도에서 많이 기른다. 4월 중순 곡우 무렵 새 가지에 난 잎을 따서 차를 만든다. 가을에서 겨울까지 하얀 꽃이 아래를 보고 핀다. 열매는 동글동글하고 단단해서 구슬치기를 한다.

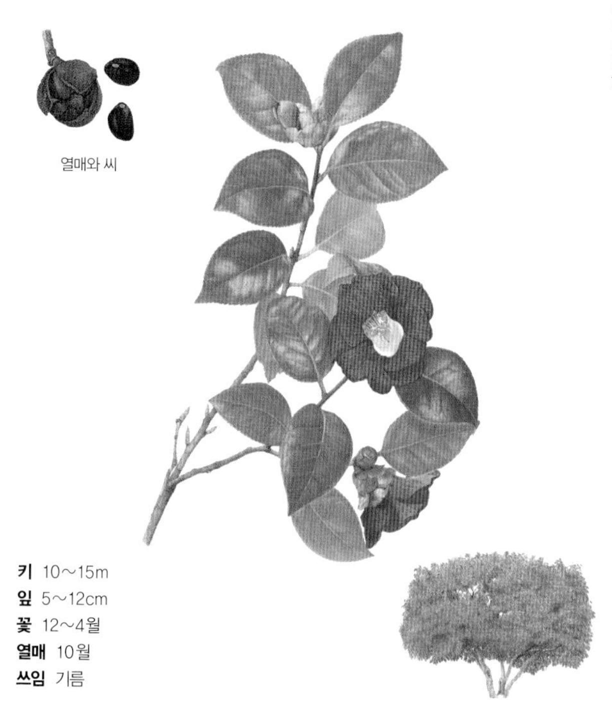

열매와 씨

키 10~15m
잎 5~12cm
꽃 12~4월
열매 10월
쓰임 기름

동백나무 산다 *Camellia japonica*

동백나무는 추운 겨울과 봄 사이 꽃이 피는 늘 푸른 큰키나무다. 남해안과 제주도에서 많이 자란다. 잎은 두껍고 반들반들 윤이 난다. 꽃잎은 빨갛고 수술은 노래서 금방 눈에 띈다. 꽃이 질 때는 송이째 뚝 떨어진다. 동백꽃에 꿀이 많아서 동박새가 날아와 빨아 먹는다. 가을에 여문 씨앗을 모아서 기름을 짠다. 먹거나 머릿기름으로 쓴다.

키 2~3m
잎 3~7cm
꽃 3월
열매 7월
쓰임 술

뜰보리수 *Elaeagnus multiflora*

뜰보리수는 마당에 심어 기르는 잎 지는 떨기나무다. 뜰에 심어 기른다고 뜰보리수다. 본디 일본에서 자라는 나무다. 이른 봄에 연노란 꽃이 핀다. 이른 여름 앵두가 익을 때 뜰보리수 열매도 빨갛게 익는다. 따서 날로 먹으면 시큼하지만 달다. 여름에 시장에서 파는 보리수 열매는 사실 뜰보리수 열매다. 보리수나무 열매는 가을에 익는다.

키 3~5m
잎 3~7cm
꽃 5~6월
열매 10월
쓰임 울타리, 약

보리수나무 보리똥나무, 뽀루새 *Elaeagnus umbellata*

보리수나무는 산과 들에서 자라는 잎 지는 떨기나무다. 봄에 햇가지에서 노란 꽃이 핀다. 열매는 보리수, 보리똥, 포리똥이라고 한다. 가을에 빨갛게 익는데 맛이 아주 달다. 보리수를 손에 가득 따서 한꺼번에 입안에 털어 넣으면 더욱 맛이 좋다. 바람에도 안 쓰러지고 가지에 뾰족한 가시가 돋아 울타리로 심는다.

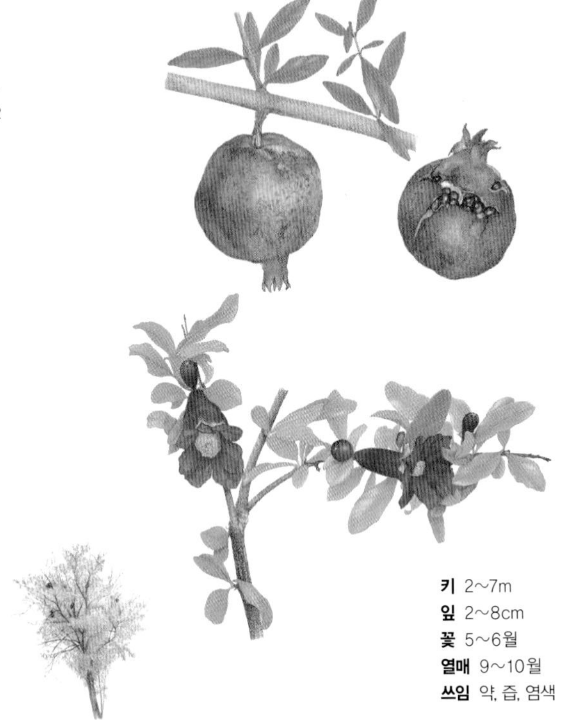

키 2~7m
잎 2~8cm
꽃 5~6월
열매 9~10월
쓰임 약, 즙, 염색

석류나무 *Punica granatum*

석류나무는 뜰이나 공원에 심어 기르는 잎 지는 작은키나무다. 우리나라에서는 오백 년쯤 전부터 심었다. 추위에 약해서 따뜻한 남쪽 지방에서 잘 자란다. 석류는 가을에 빨갛게 익는데, 잘 익으면 껍질이 툭 터진다. 속에는 빨갛고 맑은 알갱이가 그득하다. 맛이 시고 달다. 즙을 내서 먹거나 그냥 먹는다. 목이 쉬거나 아플 때 달여 마시면 좋다.

키 10~30m
잎 10~30cm
꽃 5~8월
열매 9~10월
쓰임 약, 그릇, 악기, 가구

음나무 엄나무, 개두릅나무 *Kalopanax septemlobus*

음나무는 양지바른 산기슭이나 산골짜기에서 잘 자라는 잎 지는 큰키나무다. 봄에 새순을 따 먹는데 두릅처럼 맛이 있다고 개두릅나무라고도 한다. 새순을 데쳐 초고추장에 찍어 먹으면 쌉싸름하면서도 맛있다. 음나무는 키가 크고 가시가 많다. 가지를 잘라 닭을 삶을 때 넣기도 한다. 옛날에는 음나무 가시가 귀신을 쫓는다고 문 위에 걸어 놓았다.

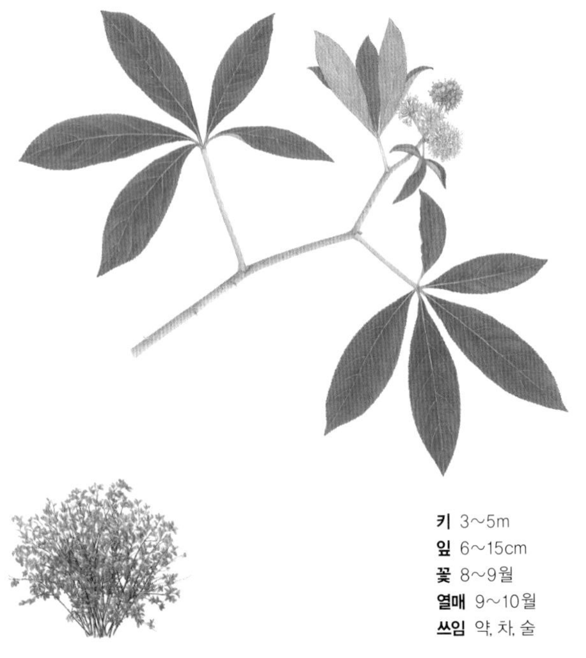

키 3~5m
잎 6~15cm
꽃 8~9월
열매 9~10월
쓰임 약, 차, 술

오갈피나무 *Eleutherococcus sessiliflorus*

오갈피나무는 산골짜기나 산기슭에서 잘 자라는 잎 지는 떨기나무다. 잎이 다섯 장씩 모여나서 오갈피라는 이름이 붙었다. 약으로 쓰려고 밭에도 많이 심는다. 나무껍질은 햇볕에 말려 약으로 쓰는데 신경통이나 관절염에 좋다. 달여 먹으면 기운이 나고 뼈가 튼튼해진다. 봄에 새순을 따서 나물로 먹고 나무껍질은 차를 끓여 마신다.

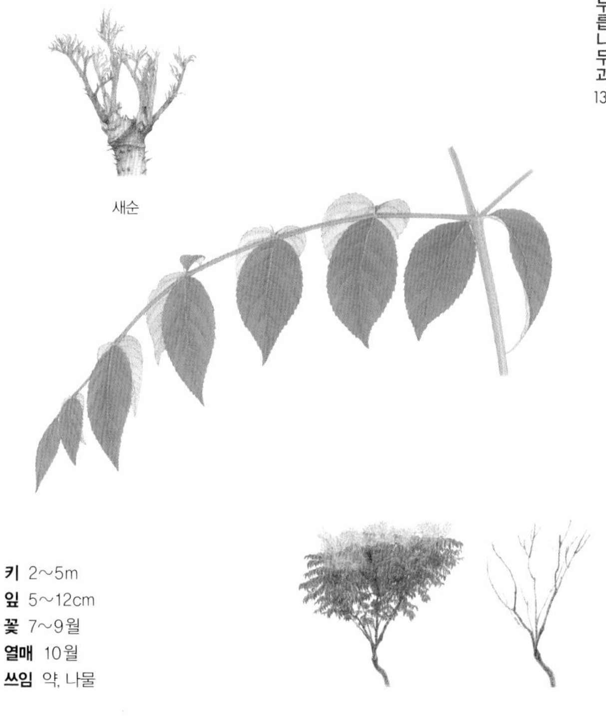

키 2~5m
잎 5~12cm
꽃 7~9월
열매 10월
쓰임 약, 나물

두릅나무 참두릅나무, 목두채 *Aralia elata*

두릅나무는 산비탈이나 숲 가장자리에서 저절로 자라는 잎 지는 작은키나무다. 마을 가까이에 심기도 한다. 줄기가 온통 가시로 덮여 있어 함부로 못 만진다. 봄에 돋는 새순을 두릅이라고 하는데 살짝 데쳐서 나물로 먹는다. 맛이 담백하고 향긋하다. 요즘은 산에서도 보기 드문 귀한 산나물이다. 제때 안 따면 순이 단단해져서 못 먹는다.

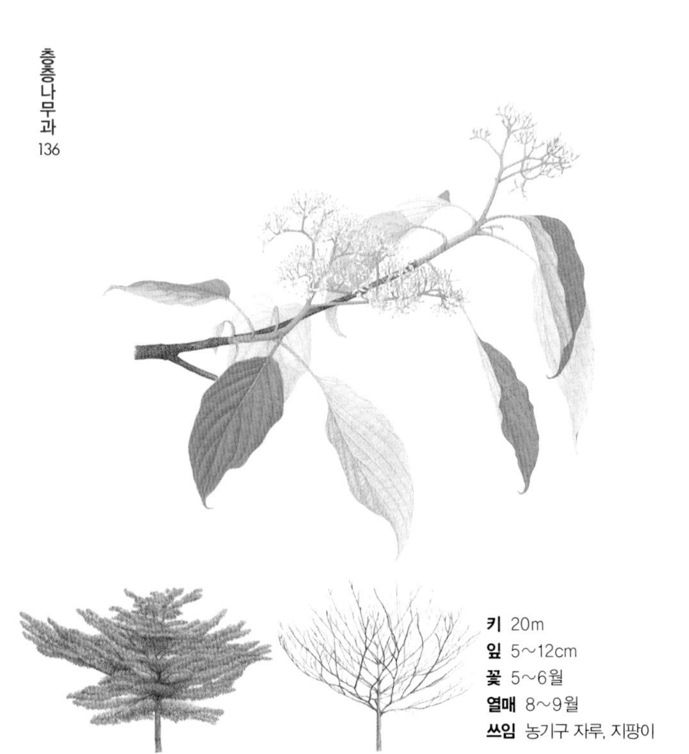

키 20m
잎 5~12cm
꽃 5~6월
열매 8~9월
쓰임 농기구 자루, 지팡이

층층나무 말채나무, 꺼그렁나무 *Cornus controversa*

층층나무는 산 중턱이나 골짜기에서 다른 나무와 어우러져 자라는 잎지는 큰키나무다. 우리나라 어디서나 볼 수 있다. 가지가 해마다 한 층씩 돌려나서 여러 층을 이룬다. 그래서 이름도 층층나무다. 이른 여름에 흰 꽃이 나무를 가득 덮는다. 나무 생김이 남다르고 여름에 피는 꽃이 예뻐서 뜰이나 길섶에도 심는다.

키 4~7m
잎 4~12cm
꽃 3~4월
열매 8~10월
쓰임 차, 술, 약

산수유 산채황, 무등 *Cornus officinalis*

산수유는 산에서 저절로 자라는 잎 지는 작은키나무다. 아파트 단지나 공원에도 많이 심는다. 이른 봄에 다른 나무보다 먼저 노랗고 향기로운 꽃이 핀다. 생강나무꽃과 똑 닮았다. 가을이 되면 가지마다 빨간 열매가 주렁주렁 달린다. 열매를 산수유라고 한다. 날로는 안 먹고 씨를 빼서 말렸다가 약으로 쓰고 차나 술을 담근다.

키 1~3m
잎 4~7cm
꽃 4월
열매 10월
쓰임 술, 염색, 약

진달래 참꽃나무, 두견화 *Rhododendron mucronulatum*

진달래는 산기슭에서 자라는 잎 지는 떨기나무다. 공원이나 마당에 많이 심어 기른다. 다른 나무는 아직 잎도 안 나는 이른 봄에 잎보다 먼저 꽃이 핀다. 진달래꽃은 먹을 수 있다. 한 움큼 따서 먹으면 향긋하고 쌉싸름한 맛이 난다. 진달래꽃은 먹을 수 있어서 참꽃이라 하고, 철쭉은 먹을 수 없어서 개꽃이라 한다.

키 2~5m
잎 5~10cm
꽃 4~5월
열매 10월
쓰임 약, 조각 재료

철쭉나무 연달래 *Rhododendron schlippenbachii*

철쭉나무는 산기슭이나 개울가에서 저절로 자라는 잎 지는 떨기나무다. 꽃이 진달래와 닮았지만 독이 있다. 먹으면 떼굴떼굴 구를 만큼 배가 아프다. 진달래는 이른 봄에 꽃이 피고 철쭉은 늦은 봄에 핀다. 또 진달래는 잎보다 꽃이 먼저 피지만 철쭉은 잎과 함께 핀다. 철쭉 꽃잎에는 자줏빛 점이 있다.

키 10~15m
잎 6~12cm
꽃 5~6월
열매 10월
쓰임 약, 그릇, 도마

고욤나무 고욤나무 *Diospyros lotus*

고욤나무는 산기슭이나 낮은 산에서 저절로 자라는 잎 지는 큰키나무다. 감나무와 나무 생김새도 닮았고 열매도 닮았다. 고욤은 가을에 노랗다가 서리를 맞으면 까맣게 익는다. 까맣게 익은 고욤을 따 먹으면 달고 맛있다. 열매가 작다고 '콩감'이라고도 한다. 맛이 떫은 고욤은 항아리에 넣어 푹 삭혀 먹는다.

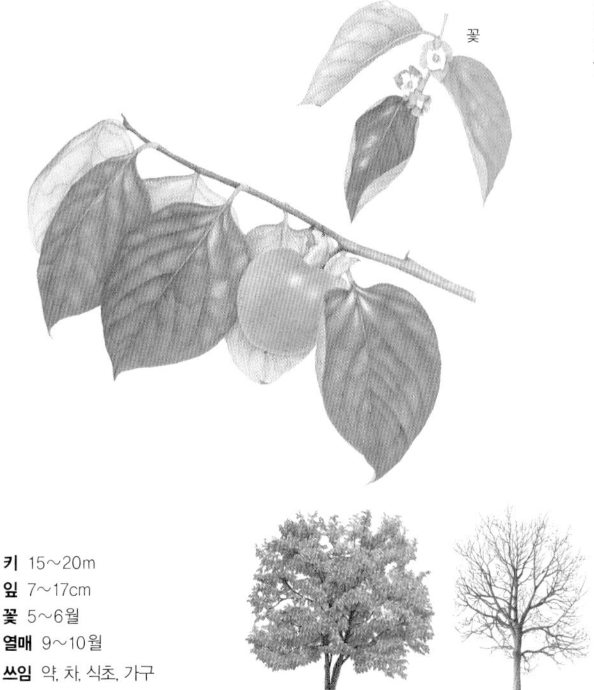

키 15~20m
잎 7~17cm
꽃 5~6월
열매 9~10월
쓰임 약, 차, 식초, 가구

감나무 *Diospyros kaki*

감나무는 감을 따 먹으려고 기르는 잎 지는 큰키나무다. 병도 안 들고 벌레도 안 꼬여 마당에 많이 심는다. 늦은 봄에 누런 감꽃이 핀다. 감꽃은 달큰하면서도 떫은데 먹을 수 있다. 가을에 감이 발갛게 익으면 따 먹는다. 껍질을 벗겨 햇볕에 말리면 쫀득쫀득한 곶감이 된다. 생김새나 맛에 따라 물감, 찰감, 넓적감, 뾰족감, 먹감 따위가 있다.

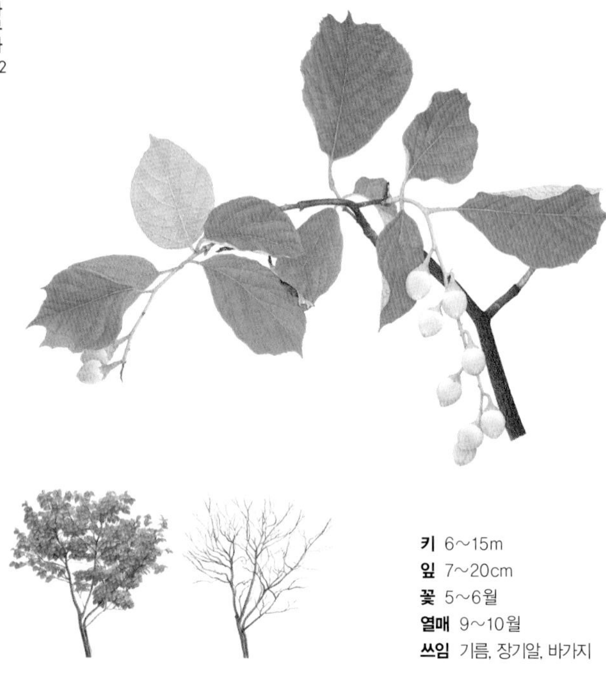

키 6~15m
잎 7~20cm
꽃 5~6월
열매 9~10월
쓰임 기름, 장기알, 바가지

쪽동백나무 산아주까리나무, 개동백나무 *Styrax obassia*

쪽동백나무는 산에서 자라는 잎 지는 큰키나무다. 마당이나 공원에 심기도 한다. 잎이 아주 커서 사람 얼굴을 가릴 만큼 큰 잎도 있다. 여름 들머리에 긴 꽃대에서 하얀 꽃이 땅을 보고 핀다. 하얀 등불이 달린 것 같다. 열매가 여물면 씨로 기름을 짜서 양초나 비누를 만든다. 비싼 동백기름 대신 썼다고 쪽동백이라고 한다.

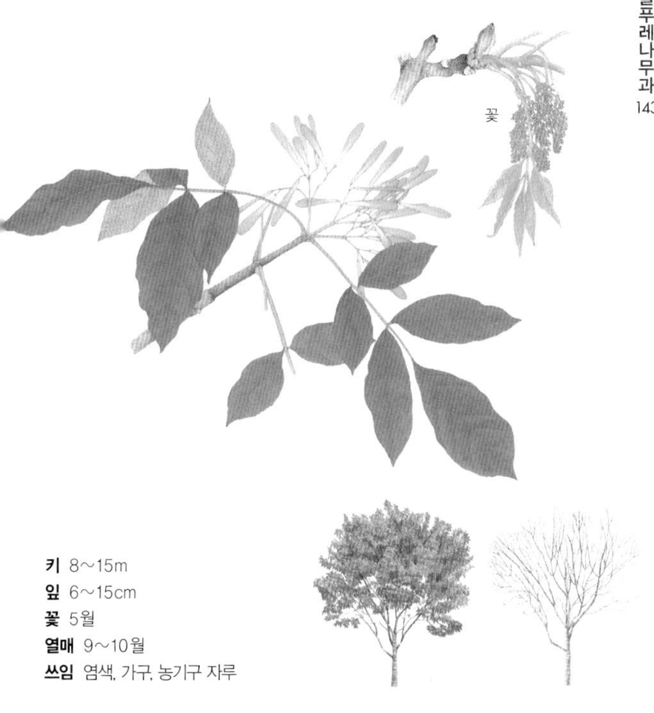

키 8~15m
잎 6~15cm
꽃 5월
열매 9~10월
쓰임 염색, 가구, 농기구 자루

물푸레나무 *Fraxinus rhynchophylla*

물푸레나무는 우리나라 어디에서나 잘 자라는 잎 지는 큰키나무다. 가지를 꺾어 물에 담그면 푸른 물이 우러난다. 이 물로 옷감을 물들이면 푸르스름한 잿빛이 돈다. 그래서 물푸레나무라고 한다. 고로쇠나무처럼 껍질에 상처를 내어 물을 받는다. 이 물을 먹으면 눈이 밝아지고 눈병에 안 걸린다고 한다.

키 2~3m
잎 2~7cm
꽃 5월
열매 10월
쓰임 술, 코뚜레

쥐똥나무 털광나무, 검정알나무 *Ligustrum obtusifolium*

쥐똥나무는 겨울에 잎 지는 떨기나무다. 까만 열매가 꼭 쥐똥 같다고 쥐똥나무다. 5월쯤 자잘한 꽃이 하얗게 피는데 향기가 좋아서 술을 담가 먹는다. 어디서나 잘 자라고 가지를 치면 반듯해서 울타리로 많이 심는다. 가지가 Y꼴로 갈라지고 잘 부러지지 않아서 새총을 만들어 놀았다. 그래서 새총나무라고도 한다.

키 2~5m
잎 3~12cm
꽃 4월
열매 9~10월
쓰임 약, 산울타리

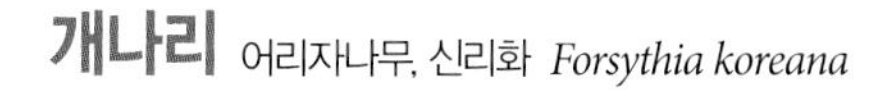

개나리 어리자나무, 신리화 *Forsythia koreana*

개나리는 집 가까이에서 흔히 보는 잎 지는 떨기나무다. 울타리나 길섶에 무더기로 심는다. 메마른 곳이나 그늘진 곳, 공기 오염이 심한 곳에서도 잘 자란다. 이른 봄에 잎보다 먼저 노란 꽃이 흐드러지게 핀다. 산에는 산수유가, 울안에는 개나리가 봄을 알린다. 가지를 꺾어 땅에 꽂으면 금세 뿌리를 내린다. 열매는 열을 내리고 독을 푸는 약으로 쓴다.

키 1~4m
잎 3~8cm
꽃 8~10월
열매 10~11월
쓰임 차, 술, 나물

구기자나무 물고추나무, 선장 *Lycium chinense*

구기자나무는 밭둑이나 냇가, 산비탈에서 저절로 자라는 잎 지는 떨기나무다. 어디서나 잘 자란다. 햇가지에서 꽃이 피고 열매가 달린다. 열매가 구기자인데 꽃이 핀 차례대로 가을 내내 빨갛게 여문다. 익는 족족 딴다. 잘 익은 구기자는 물이 많고 달다. 그냥 먹어도 맛있지만, 말려 두었다가 차를 끓이거나 술을 담근다. 잔병을 막고 피로를 푼다.

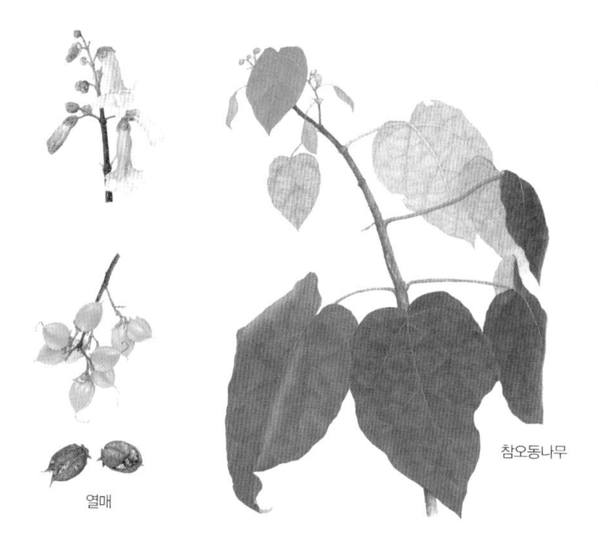

열매

키 10~15m
잎 15~23cm
꽃 5~6월
열매 10월
쓰임 옷장, 책장, 거문고, 장구통

오동나무 *Paulownia coreana*

오동나무는 목재로 쓰려고 집 가까이 가꾸는 잎 지는 큰키나무다. 무척 빨리 자란다. 목재 무늬가 곱고 잘 썩지 않아서 가구나 악기를 만든다. 예전에는 딸을 낳으면 시집갈 때 장롱을 짜려고 오동나무를 심었다. 봄에는 큼직한 보랏빛 꽃이 피는데 보기 좋고 향기롭다. 오동나무 잎 뒤에는 갈색 털이 나고 참오동나무는 흰 털이 난다.

키 2~3m
잎 3~15cm
꽃 6~7월
열매 9월
쓰임 약, 염색, 향수

치자나무 *Gardenia jasminoides*

치자나무는 꽃을 보고 열매를 쓰려고 심어 기르는 늘 푸른 떨기나무다. 따뜻한 남쪽 지방에서 잘 자란다. 치자꽃은 하얗고 크다. 향기가 좋고 멀리 퍼진다. 꽃으로 향수를 만든다. 열매를 치자라고 하는데 옷감이나 음식에 노란 물을 들인다. 부침개나 단무지를 만들 때도 넣는다. 치자는 말려서 약으로도 쓴다. 열이 나고 가슴이 답답할 때 달여 먹는다.

키 5m
잎 3~8cm
꽃 6~7월
열매 9~10월
쓰임 약, 바구니

인동덩굴 금은화 *Lonicera japonica*

인동덩굴은 양지바른 밭둑이나 골짜기에서 자라는 잎 지는 덩굴나무다. 따뜻한 남쪽에서는 겨울에도 잎이 안 져서 겨우살이덩굴이라고도 한다. 인동꽃은 향기가 좋고 꿀도 많다. 노란 꽃과 하얀 꽃이 같이 있어서 금은화라고 한다. 하얀 꽃이 시들어서 노랗게 바뀐다. 덩굴을 삶아서 껍질을 벗긴 뒤 바구니를 짠다. 덩굴을 걷어서 달여 먹으면 감기에 좋다.

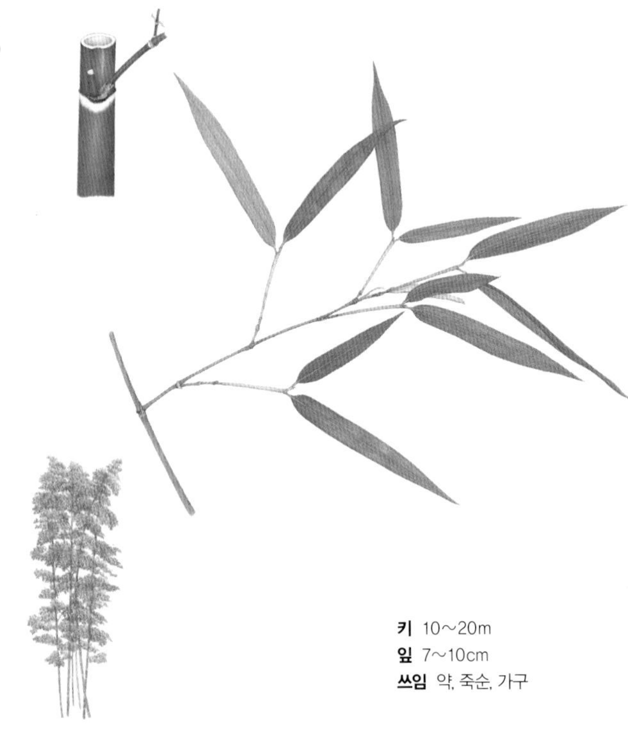

키 10~20m
잎 7~10cm
쓰임 약, 죽순, 가구

맹종죽 죽순대, 죽신대 *Phyllostachys pubescens*

맹종죽은 밭에서 기르는 늘 푸른 대나무다. 죽순을 먹으려고 심어서 죽순대라고도 한다. 4월쯤 왕대나 솜대 죽순보다 먼저 올라온다. 줄기가 굵고 마디에 고리가 하나 있다. 마디 길이는 솜대나 왕대보다 짧다. 마디에 흰 분가루가 있으면 2년쯤 자란 것이다. 해가 갈수록 분가루가 적어지고 까매진다. 대나무는 100년에 한번 꽃이 피고 나면 죽는다.

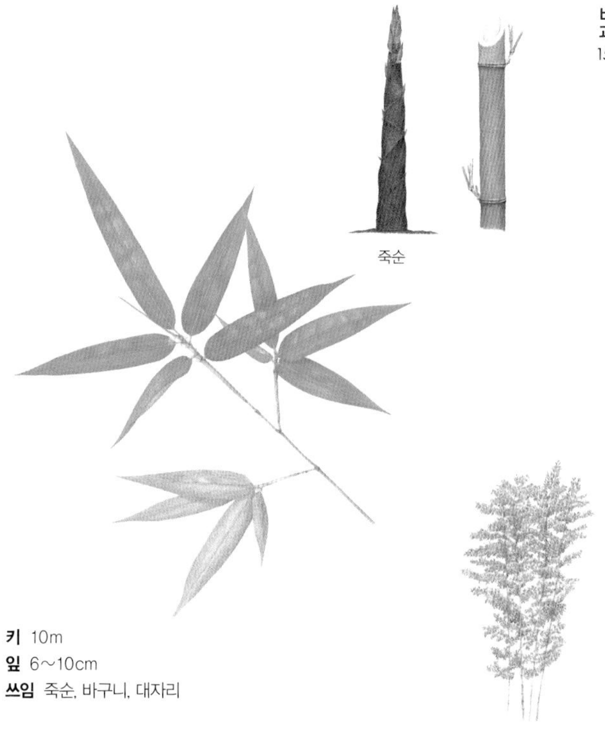

키 10m
잎 6~10cm
쓰임 죽순, 바구니, 대자리

솜대 분죽, 담죽 *Phyllostachys nigra* var. *henonis*

솜대는 전라남도 담양에서 많이 나는 늘 푸른 대나무다. 대가 희다고 분죽이라고 한다. 마디 사이는 맹종죽보다 길고 왕대보다 짧다. 죽순은 5월에 올라온다. 다른 죽순보다 작지만 연하고 맛이 좋다. 대는 잘 쪼개지고, 단단하면서도 잘 휘어서 바구니를 엮는다. 여름에 솜대로 만든 도시락에 밥을 넣어 두면 쉬지 않고 오래간다.

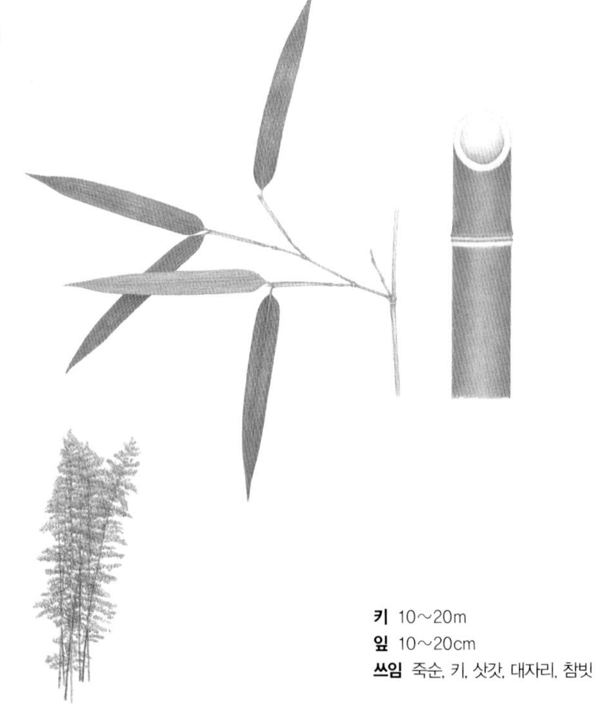

키 10~20m
잎 10~20cm
쓰임 죽순, 키, 삿갓, 대자리, 참빗

왕대 *Phyllostachys bambusoides*

왕대는 남쪽 지방에서 많이 심는 늘 푸른 대나무다. 대나무 가운데 키가 가장 크다. 줄기에는 시퍼렇고 거뭇거뭇한 점이 있고 마디에 고리가 두 개 있다. 솜대나 맹종죽보다 마디 길이가 길다. 죽순은 6월에 올라온다. 삶아서 초고추장에 찍어 먹고 밥에 넣는다. 독이 있어서 꼭 익혀 먹는다. 대는 결이 곧고 쉽게 쪼개지며 잘 휘어서 키나 대자리를 엮는다.

키 1~2m
잎 10~25cm
꽃 4월
열매 6월
쓰임 조릿대, 채반, 바구니

조릿대 산죽, 갓대 *Sasa borealis*

조릿대는 산에서 자라는 늘 푸른 대나무다. 키가 작고 풀처럼 수북하게 자란다. 조리를 만드는 대나무라고 조릿대다. 조리는 쌀을 이는 부엌 살림살이다. 다른 대나무와 달리 조릿대는 몇 년마다 한 번씩 꽃이 피고 열매를 맺는다. 옛날에 흉년이 들어서 먹을 것이 떨어졌을 때 열매로 죽을 끓여 먹었다.

나무 더 알아보기

북부 지방에 사는 바늘잎나무

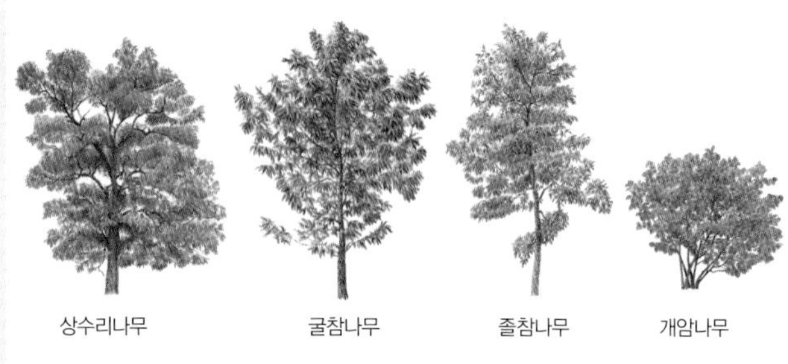

중부 지방에 사는 잎 지는 나무

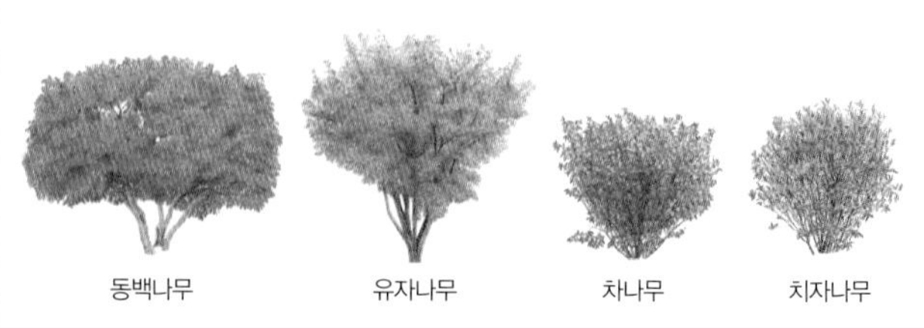

남부 지방에 사는 늘 푸른 나무

우리나라 자연환경과 나무

우리나라는 사계절이 뚜렷하고 비가 넉넉하게 내려 나무가 잘 자란다. 숲이 생기려면 한 해에 비가 750mm 넘게 내려야 하는데 우리나라는 1,100mm가 넘게 온다. 또 한 해 평균 기온도 11도로 아주 춥지도 덥지도 않은 온대 기후여서 숲이 잘 우거진다.

우리나라는 땅이 남북으로 길어서 아한대 지방에 사는 나무부터 난대 지방에 사는 나무까지 여러 나무가 자란다. 북쪽 지방은 기온이 아한대에 가깝다. 아한대 지방에는 가문비나무나 전나무 같은 바늘잎나무가 잘 자란다. 중부 지방에는 겨울에 잎이 지는 나무들이 많이 자란다. 잎 지는 나무로 이루어진 숲을 온대림이라고 한다. 상수리나무, 신갈나무, 떡갈나무 같은 참나무가 많아서 '참나무대'라고도 한다. 참나무대는 중국 동북부 만주까지 길게 뻗어 있는데 우리나라에 사는 참나무는 병에 걸리지 않고 잘 자란다. 중부 지방에는 참나무 말고도 많은 나무가 자란다. 사과나무, 배나무 같은 과일나무와 개나리, 진달래처럼 봄에 꽃이 피는 떨기나무, 느티나무나 느릅나무처럼 아름드리로 자라는 큰키나무도 많다.

제주도나 남해 바닷가처럼 따뜻한 남쪽 지방에는 동백나무, 유자나무, 귤나무, 차나무 같은 늘 푸른 나무가 자란다. 이런 곳을 난대림이라고 한다. 난대는 열대보다는 서늘하고 온대보다 더 따뜻한 곳이다.

여러 가지 큰키나무

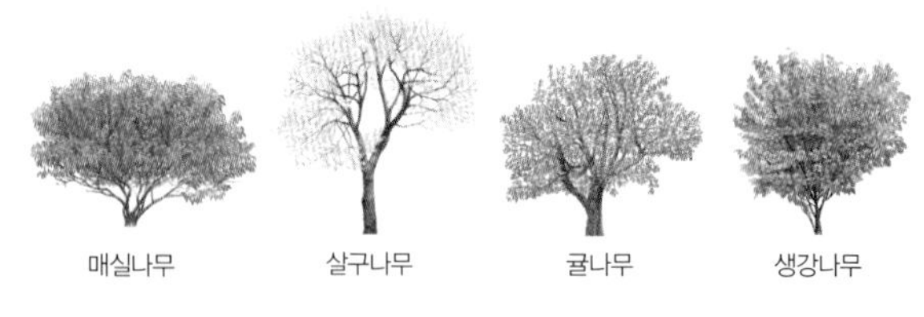

여러 가지 작은키나무

여러 가지 떨기나무와 덩굴나무

나무가 사는 곳

나무는 저마다 살기 알맞은 곳에 뿌리를 내린다. 높은 산꼭대기부터 바닷가 모래밭까지 어느 곳에서나 나무가 자란다. 높은 산 위에는 추운 곳에서 잘 자라는 구상나무나 주목 같은 바늘잎나무가 자란다. 지리산이나 설악산, 한라산 꼭대기에 많다. 산 중턱에는 상수리나무나 신갈나무, 떡갈나무 같은 참나무가 많이 자란다. 마을 가까운 산기슭에는 아까시나무나 밤나무가 많다. 찔레나무나 진달래 같은 떨기나무도 산에서 잘 자란다. 머루나 다래나무는 깊은 산속에서 자란다. 숲 가장자리에는 덩굴나무가 많다. 칡이나 오미자, 으름덩굴이 키가 큰 나무나 바위를 감고 오른다. 이런 덩굴나무 때문에 숲이 안과 밖으로 나누어진다.

물가나 개울가나 늪에는 버드나무, 오리나무, 느티나무, 물푸레나무같이 물을 좋아하는 나무들이 자란다. 바닷가에서 자라는 나무도 있다. 해당화는 바닷바람과 소금기를 잘 견뎌 바닷가 모래땅에서 잘 자란다. 해송은 남쪽 지방 바닷가에 많다. 동백나무나 귤나무, 비자나무도 남해 바닷가나 제주도에서 많이 볼 수 있다.

산과 바다에 가지 않아도 뜰이나 공원에서 자라는 나무도 많다. 느티나무나 느릅나무, 회화나무, 팽나무는 넓고 평평한 곳에서 아름드리로 큰다. 그래서 사람들이 마을 정자나무로 삼는다. 길가에는 미루나무나 플라타너스, 화살나무 같은 나무를 많이 심는다. 개나리나 목련은 이른 봄에 꽃을 보려고, 감나무나 앵두나무는 열매를 먹으려고 집 가까이 심어 기른다.

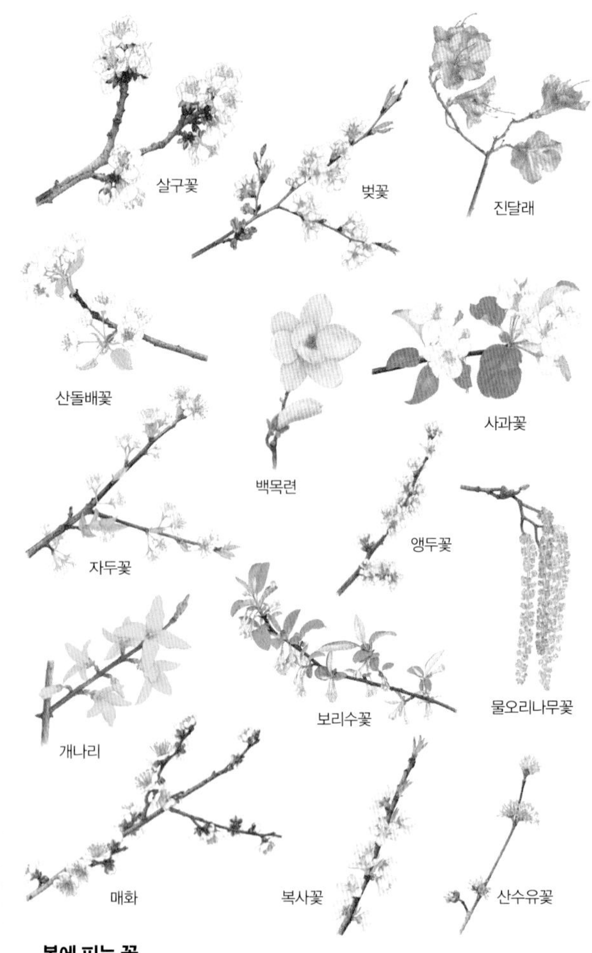

봄에 피는 꽃

철 따라 달라지는 나무

사철 다른 우리 나무

우리나라는 봄, 여름, 가을, 겨울이 뚜렷하다. 나무들도 철마다 모습이 달라진다. 봄에는 꽃을 피우고 잎을 펼친다. 여름에는 줄기와 가지가 뻗고 잎이 우거진다. 가을에는 열매가 여물고 울긋불긋한 단풍이 물든다. 겨울에는 잎이 떨어지고 나뭇가지가 드러나며 겨울눈이 돋는다.

봄살이

이른 봄에는 잎이 나기 전에 꽃이 피는 나무가 많다. 생강나무가 산에서 가장 먼저 꽃이 핀다. 3월 중순쯤 양지바른 산기슭에서 노란 꽃이 핀다. 꽃이 피고 한 달이 지나서야 잎이 나온다. 생강나무꽃이 핀 지 열흘쯤 지나면 동네에서 산수유꽃이 핀다. 다시 열흘쯤 지나면 울타리에서 개나리가 피고 개나리가 지면 뜰에서 목련이 핀다. 4월 중순이 되면 산비탈이 온통 빨개지도록 온 산에 진달래가 핀다. 진달래가 질 때쯤이면 동네마다 과일나무에서 꽃이 핀다. 앵두나무, 살구나무, 복숭아나무, 벚나무꽃이 앞다퉈 핀다.

이제 나무마다 잎이 돋기 시작한다. 돋아난 새순은 나물로 많이 먹는다. 이 무렵 산에 가면 산나물이 한창 난다. 5월로 접어들면 나뭇잎이 푸르게 우거지기 시작하고 산은 하루가 다르게 풀빛이 짙어진다.

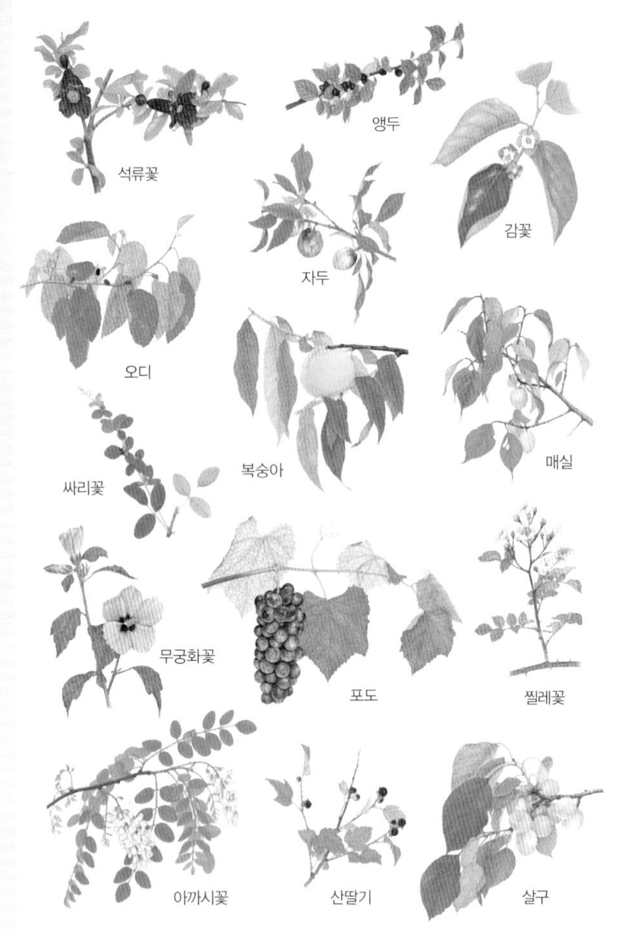

여름에 피는 꽃, 여름에 익는 과일

여름살이

여름 들머리에 접어들면 철쭉꽃이 핀다. 철쭉은 잎과 꽃이 함께 핀다. 철쭉꽃이 질 때쯤 아까시꽃이 활짝 핀다. 아까시꽃이 피면 산어귀가 하얗게 뒤덮인다. 달콤한 내음이 가득 퍼지고 벌이 모여든다.

대추나무는 다른 나무가 잎이 한창 푸르게 자랄 때까지 죽은 듯이 있다가 이제야 잎이 돋기 시작한다. 뒤늦게 싹이 돋지만 아주 빠르게 자라서 밤이나 감보다 열매가 빨리 여문다. 대밭에서는 죽순이 쭉쭉 올라온다. 맹종죽 죽순은 4월 말 가장 빨리 올라오고 솜대 죽순은 5월, 왕대 죽순은 6월에 올라온다. 6월 중순이 되면 밤꽃이 핀다. 꽃이 온 나무를 뒤덮어 나무가 하얗다. 밤꽃에는 꿀이 많아서 벌도 많이 모여든다.

감나무에서도 꽃이 핀다. 감꽃은 먹기도 한다. 아삭아삭 씹으면 처음에는 떫어도 점점 단맛이 우러난다. 실에 꿰어 목에 걸고 다니기도 한다. 7월이 되면 뜰에서 무궁화꽃이 여름 내내 잇달아 피고 진다.

여름에 열매가 익는 나무도 많다. 여름 들머리에는 뽕나무에 오디가 까맣게 익고, 벚나무 열매인 버찌도 익는다. 앵두, 살구, 자두, 매실도 이때 난다. 복숭아도 익기 시작한다. 복숭아는 여름 들머리에 나는 올복숭아부터 가을 들머리에 나는 늦복숭아까지 종류가 많다. 맛은 늦복숭아가 더 좋다. 산에서는 산딸기, 멍석딸기, 복분자딸기가 한여름에 익는다.

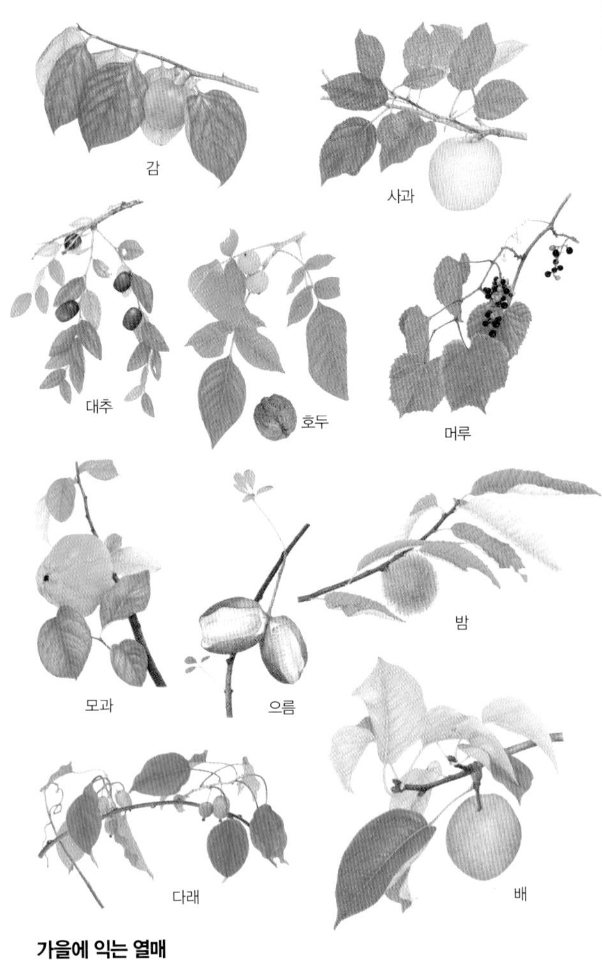

가을에 익는 열매

가을살이

가을에는 나무 열매가 여기저기서 익는다. 먼저 개암나무 열매가 여문다. 작은 밤처럼 생긴 개암은 깨물면 '딱' 하는 소리가 난다. 맛이 고소하다. 9월 말이 되면 머루가 익는다. 머루는 포도보다 알이 작고 송이가 성기게 붙는다. 잘 익은 머루는 물이 많고 달다. 깊은 산속 다래는 서리가 내려야 익는다. 먹으면 단맛이 물씬 나고 맛있다. 다래가 익을 무렵 으름도 익는다. 으름 속살은 작은 바나나같이 생겼는데 바나나보다 더 달다. 안에 까만 씨앗이 다글다글 많다.

밤이나 감도 딴다. 밤이 여물면 가시투성이 밤송이가 쩍 벌어지고 그 안에 있던 알밤이 툭 떨어진다. 감은 빨갛게 익어도 안 떨어지고 가지에 붙어 있다. 긴 장대에 올가미를 달아서 딴다. 산에는 참나무에서 도토리가 많이 떨어진다. 이때 도토리를 주워 묵을 쑤어 먹는다. 길가에 은행도 떨어진다. 떨어진 은행은 고약한 냄새가 나지만 속에 들어 있는 은행알은 고소하고 맛있다.

가을이 깊어지면 푸른 잎이 빨갛고 노랗게 물든다. 단풍나무나 붉나무, 감나무, 담쟁이덩굴 잎은 빨갛게 물들고 은행나무, 미루나무, 팽나무, 낙엽송은 노랗게 물든다. 된서리가 오고 나면 울긋불긋했던 나뭇잎들이 힘없이 떨어진다. 떨어진 잎은 땅 위에 수북이 쌓여 거름이 된다. 가랑잎을 긁어모아 두엄을 만들어 이듬해 농사에 쓰기도 한다. 잎 지는 나무들은 가지만 앙상하게 남는다.

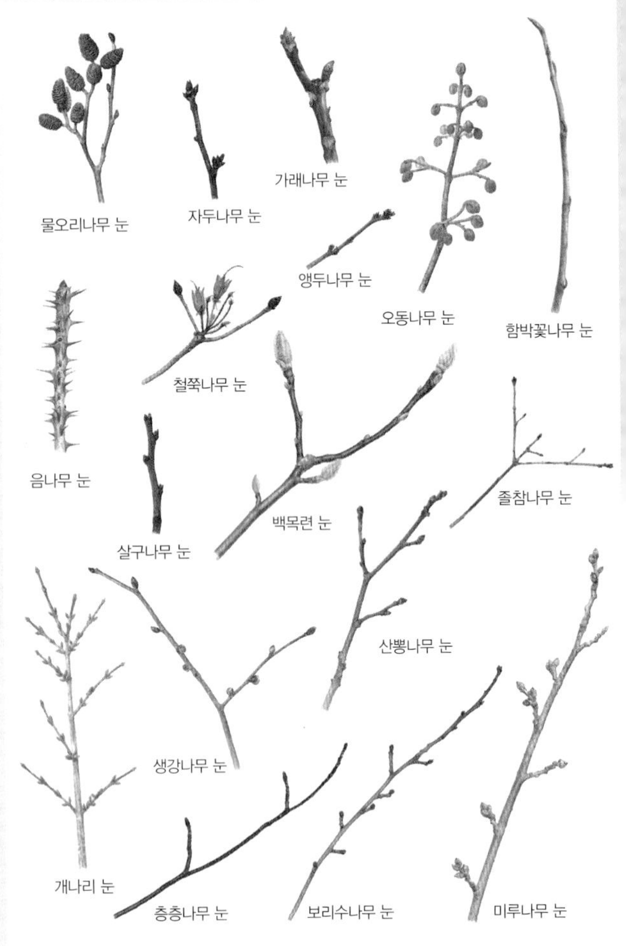
물오리나무 눈
자두나무 눈
가래나무 눈
앵두나무 눈
오동나무 눈
함박꽃나무 눈
철쭉나무 눈
음나무 눈
살구나무 눈
백목련 눈
졸참나무 눈
산뽕나무 눈
생강나무 눈
개나리 눈
층층나무 눈
보리수나무 눈
미루나무 눈

여러 가지 겨울눈

겨우살이

나무들은 가을에 잎을 홀홀 떨구고 겨우살이에 들어간다. 잎이 떨어진 가지에는 이듬해 싹틀 눈이 드러난다. 잎이 다 떨어진 나무는 줄기와 가지가 어떻게 뻗었는지 뚜렷하게 보인다.

겨울나무는 메마른 줄기와 가지만 남은 것처럼 보이지만 가까이 가서 살펴보면 저마다 다른 겨울눈이 돋아 있다. 겨울눈에서 이듬해에 싹이 트고 꽃이 핀다. 겨울눈은 수많은 비늘잎이 기왓장처럼 겹겹이 겹쳐져서 어린 싹이나 꽃을 감싸고 있다. 치자나무 겨울눈은 밀랍이 덮여 있고, 철쭉 겨울눈은 끈적끈적한 진으로 싸여 있다. 목련 겨울눈은 복슬복슬한 털이 나 있다.

상수리나무와 떡갈나무는 시들어서 누렇게 된 잎을 매단 채 겨울을 난다. 봄이 되어 새 잎이 돋아나야 묵은 잎이 떨어진다. 상수리나무와 굴참나무는 가지에 설익은 도토리를 단 채로 겨울을 나고 이듬해 가을에 익는다. 소나무도 겨우내 작은 열매를 달고 있다가 이듬해 가을에 솔방울이 된다.

겨울에도 꽃 피는 나무들이 있다. 매실나무는 눈이 채 녹지 않았을 때 꽃이 핀다. 이 꽃이 매화다. 남쪽 지방에서 자라는 동백나무도 겨울에 꽃이 핀다.

소나무 같은 바늘잎나무나 사철나무, 동백나무 같은 늘 푸른 나무는 겨울에도 잎을 떨구지 않고 푸르다.

나무가 겨우살이에 들어가면 숲에 사는 동물들도 겨울잠을 잔다. 곰은 속이 빈 나무 속에 들어가 겨울잠을 자고 새끼도 낳는다. 수많은 벌레들도 나무를 파고 들어가 겨울잠을 잔다.

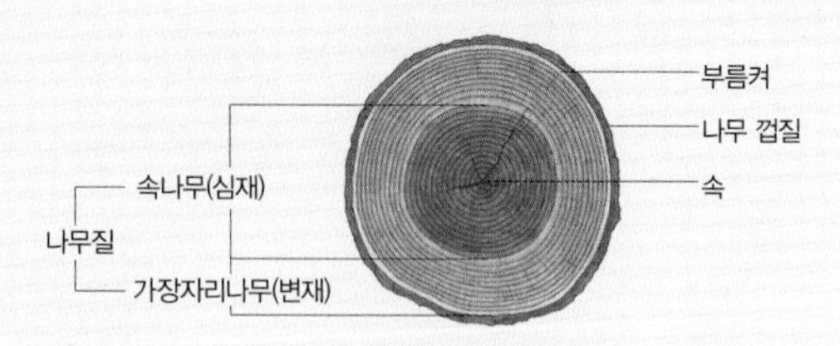

줄기 자른 면

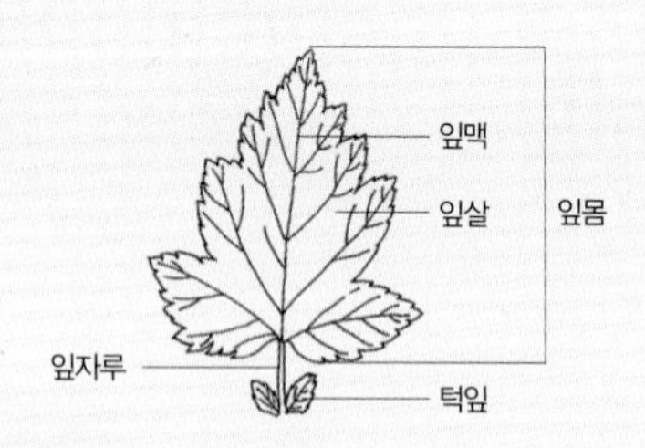

국수나무잎 생김새

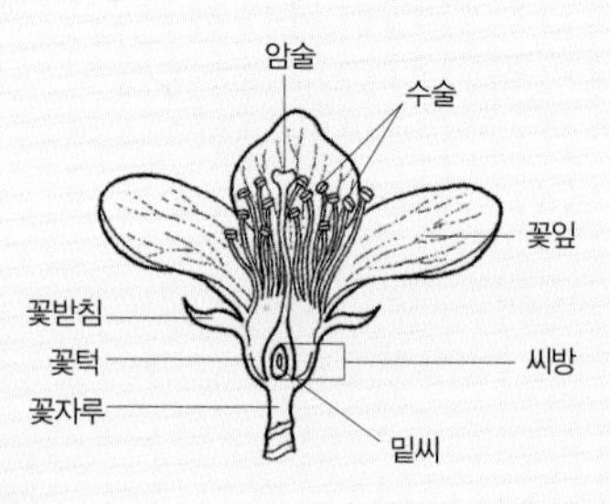

복사꽃 생김새

나무 생김새

나무 구석구석 이름

줄기 줄기 겉에는 껍질이 있고 그 속에 하얀 나무질이 있다. 껍질은 저마다 색깔과 무늬가 다르다. 매끈하거나 거칠거나 터실터실 벗겨지기도 한다. 껍질을 벗기면 맨 바깥에 연한 살이 드러나는데 이것이 부름켜다. 부름켜가 자라면서 나이테가 생기고 줄기가 굵어진다. 줄기 속은 겉나무변재와 속나무심재로 나눈다. 겉나무는 색깔이 희고 무르다. 속나무는 세포가 죽어서 단단하고 색깔이 짙다.

잎 잎은 잎몸과 잎자루, 턱잎으로 이루어진다. 턱잎까지 다 있는 잎은 갖춘잎이고 턱잎이 없는 잎은 안갖춘잎이다. 잎몸을 들여다보면 잎맥이 이리저리 뻗어 있다. 잎맥은 물과 양분이 왔다 갔다 하는 길이다. 잎맥이 그물처럼 얽혀 있으면 그물맥이고 나란히 뻗어 있으면 나란히맥이다. 잎몸에서 잎맥을 뺀 나머지가 잎살이다. 잎자루는 잎을 줄기나 가지와 이어 준다.

꽃 꽃은 꽃받침, 꽃잎, 수술, 암술로 이루어진다. 모두 다 있으면 갖춘꽃이고 하나라도 없으면 안갖춘꽃이다. 꽃자루가 나와 꽃이 핀다. 꽃자루 끝에 꽃턱이 있고 꽃턱에서 꽃받침이 잎처럼 나온다. 꽃받침은 꽃을 받쳐 준다. 꽃잎은 색깔과 생김새가 여러 가지다. 꽃잎 개수도 저마다 다르다. 꽃잎 안쪽에 수술과 암술이 있다. 수술은 여러 개고 암술은 하나다. 암술 밑에는 밑씨가 들어 있는 씨방이 있다.

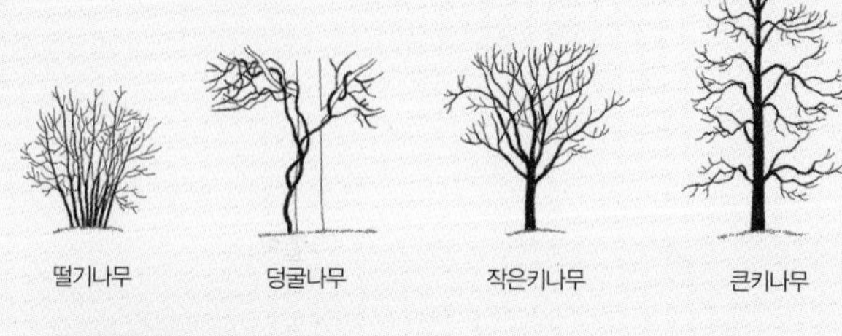

큰키나무와 작은키나무

여러 가지 나무 생김새

줄기

줄기는 땅 위로 높이 솟는다. 줄기 밑으로 뿌리가 이어지고 줄기에서 가지가 갈라지며 잎이 붙는다. 또 나무가 바람에 쓰러지지 않도록 튼튼하게 받쳐 준다.

나무에는 떨기나무와 덩굴나무, 키나무가 있다. 떨기나무는 뿌리에서 여러 줄기가 나와 더부룩더부룩 자란다. 키도 작다. 덩굴나무는 줄기가 덩굴지면서 다른 나무를 타고 오르며 자란다. 키나무는 줄기가 하나뿐이고 줄기에서 가지를 친다. 큰키나무와 작은키나무가 있다. 큰키나무는 15m가 넘게 큰다.

줄기 속에는 가느다란 관이 들어 있다. 뿌리에서 빨아들인 물과 양분을 가지와 잎으로 올려 보내고, 잎에서 만든 양분을 뿌리로 내려보낸다. 물이 오르내리는 관을 '물관'이라 하고, 양분이 오르내리는 관을 '체관'이라고 한다. 부름켜 안쪽에 물관이 있고 바깥쪽에 체관이 있다.

줄기와 가지에는 사계절 내내 눈이 붙어 있다. 눈은 늦은 봄에 생겨나서 줄곧 자란다. 이듬해 가지나 잎이나 꽃이 된다. 겨울이 되면 눈에 잘 띄어서 겨울눈이라고 한다. 눈은 속에 있는 잎이나 꽃을 지키기 위해 겹겹이 옷을 입는다. 줄기 끝에는 끝눈, 옆에는 옆눈이 붙는다. 끝눈에서는 줄기가 위로 뻗고 옆눈에서는 가지가 옆으로 뻗는다. 줄기에 옆눈이 붙는 자리를 마디라고 한다.

모여나는 철쭉잎

어긋나게 붙는 대추나무잎

마주나는 쥐똥나무잎

여러 가지 잎차례

여러 가지 잎 생김새

여러 가지 겹잎

잎

잎은 줄기나 가지에 달린다. 햇빛을 받아 나무에 필요한 양분을 만들고 산소를 뿜어낸다. 잎은 햇빛을 골고루 받고 바람도 잘 통하도록 서로 겹치지 않게 가지에 붙는다. 어긋나게 붙거나 마주 붙는다. 한자리에 여러 장이 돌려나거나 모여나기도 한다. 은행나무처럼 잎자루에 잎이 한 장 붙으면 홑잎이라고 한다. 아까시나무잎처럼 쪽잎 여러 장이 붙어 한 잎을 이루면 겹잎이라고 한다. 겹잎은 깃꼴로 붙기도 하고 손꼴로 붙기도 한다.

잎 생김새도 가지가지다. 감나무처럼 둥글고 가장자리가 밋밋한 잎과 단풍나무처럼 손바닥 모양으로 갈라진 잎도 있고, 소나무같이 바늘처럼 생긴 잎도 있다. 측백나무잎은 비늘처럼 겹겹이 겹쳐 있다. 떡갈나무잎은 손바닥만큼 크고 가장자리가 구불구불 깊게 파였다. 생김새가 바뀌어서 잎처럼 안 보이는 것도 있다. 장미 가시나 담쟁이덩굴 빨판, 머루 덩굴손은 모두 잎이 바뀐 것이다. 이런 잎 모양은 나무를 알아보는 중요한 기준이다.

잎에는 엽록체라는 작은 입자들이 있다. 엽록체는 이산화탄소와 물과 햇빛을 모아서 탄수화물과 산소를 만든다. 이것을 광합성이라고 한다. 광합성을 해서 나무에 필요한 영양분을 만든다. 잎 뒷면에는 숨을 쉬는 공기구멍이 있다. 뜨거운 햇빛을 받을 때는 공기구멍으로 물을 내뿜어서 열을 식힌다.

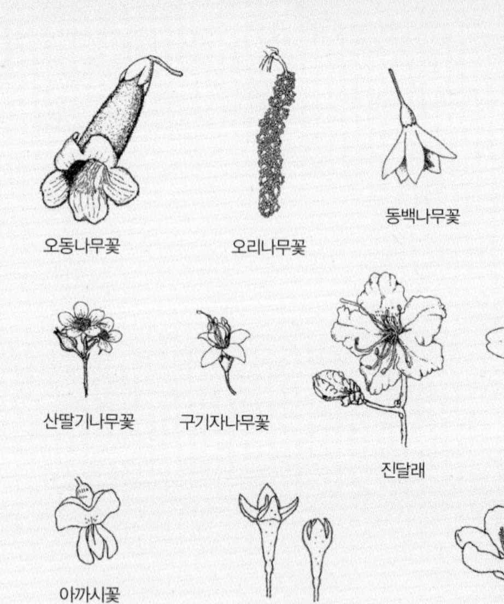

오동나무꽃 오리나무꽃 동백나무꽃 인동꽃

산딸기나무꽃 구기자나무꽃 진달래 벚꽃

아까시꽃 보리수나무꽃 복사꽃

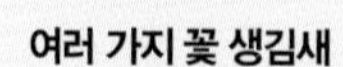

여러 가지 꽃 생김새

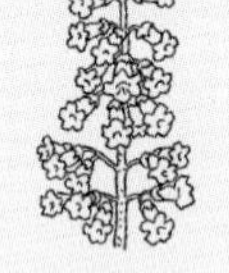

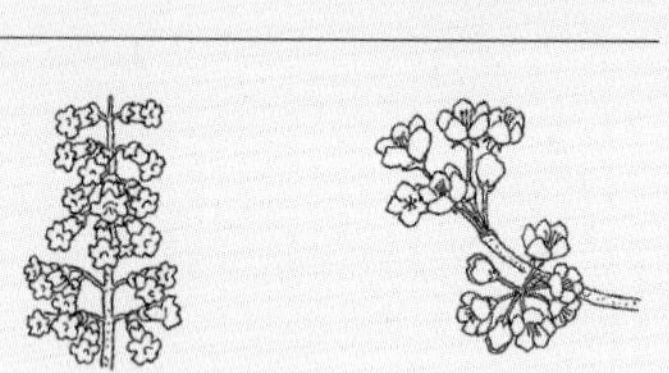

우산 모양으로 핀 산수유꽃 여러 갈래로 핀 오동나무꽃 고르게 흩어져서 피는 배꽃

꼬리 모양으로 핀 버드나무꽃

송이로 핀 아까시꽃

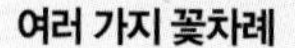

여러 가지 꽃차례

꽃

꽃은 열매를 맺으려고 핀다. 나무마다 생김새나 빛깔이 다 다르다. 개나리는 노란 꽃, 목련은 하얀 꽃, 동백나무는 빨간 꽃, 복숭아나무는 분홍빛 꽃이 핀다. 꽃잎에는 빨갛고 노란 색을 내는 물감이 들어 있어서 저마다 다른 색을 낸다. 하얀 꽃잎에는 물감이 없다. 진달래는 통꽃이고, 벚꽃은 꽃잎이 한 장 한 장 떨어져 있다. 오리나무꽃은 강아지 꼬리처럼 길게 이어지고, 오동나무꽃은 나팔처럼 길쭉하다.

꽃잎 안쪽에는 암술과 수술, 꿀샘이 있다. 수술은 기다란 꽃실 끝에 꽃가루가 잔뜩 묻은 꽃밥을 달고 있다. 꽃 한가운데에는 암술이 있는데 암술머리와 암술대, 씨방으로 이루어진다. 암술머리에는 끈적끈적한 진이 묻어 있거나 우툴두툴한 돌기가 솟아 있어서 꽃가루가 잘 들러붙는다. 암술 맨 밑에는 작은 단지 모양인 씨방이 있다. 그 속에 밑씨가 들어 있다. 암술머리에 꽃가루가 들러붙으면 열매를 맺는다.

꽃은 스스로 못 움직여서 다른 도움을 받아야 꽃가루받이를 할 수 있다. 벌이나 나비, 새, 바람이 꽃가루를 옮겨 씨를 맺게 한다. 아까시나무꽃은 꿀이 많아서 벌이 좋아한다. 벌이 꿀을 빨면서 여기저기 꽃가루를 묻히고 다닌다. 소나무는 바람이 불어야 꽃가루받이를 한다. 동백나무는 동박새가 꽃에서 꿀을 먹으려고 이리저리 돌아다니면서 꽃가루받이를 한다.

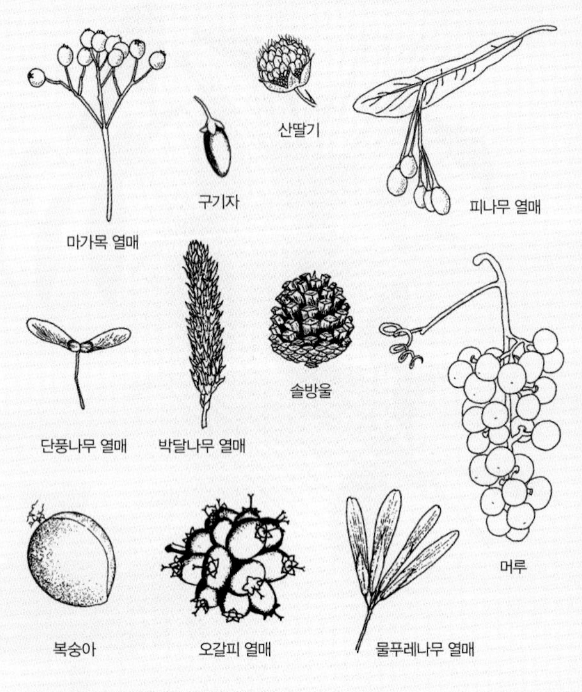

여러 가지 나무 열매

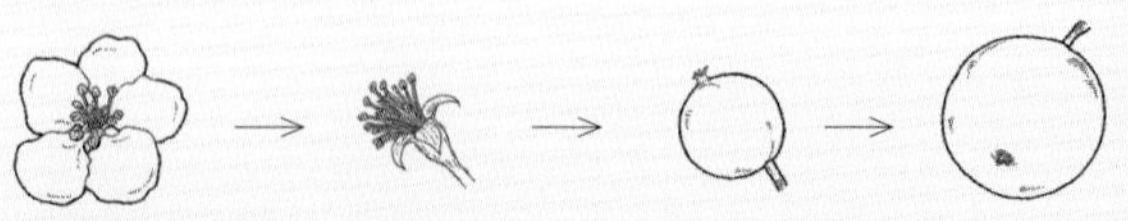

사과가 열리는 차례

열매

꽃이 지면 열매가 열린다. 열매 속에는 씨가 들어 있다. 식물은 겉씨식물과 속씨식물이 있다. 겉씨식물은 밑씨가 씨방 속에 있지 않고 겉으로 드러나 있다. 소나무나 향나무가 겉씨식물이다. 속씨식물은 밑씨가 씨방 속에 있어서 겉으로 안 드러난다. 많은 나무가 속씨식물이다.

열매는 씨를 잘 퍼트리려고 생김새와 빛깔이 저마다 다르다. 열매가 열리면 빨갛고, 까맣고, 노랗게 익는다. 단풍나무나 물푸레나무는 씨앗에 날개가 달려 있어서 바람을 타고 멀리 날아가 싹을 틔운다. 산딸기나 버찌는 새나 산짐승이 좋아해서 잘 먹는다. 씨앗은 소화가 안 되고 똥으로 나와 다른 곳에서 싹이 튼다.

열매는 씨방이 자라서 여무는 것도 있고 꽃턱이 자라서 여물기도 한다. 감꽃은 씨방이 자라서 감이 된다. 그리고 씨방 속에 들어 있던 밑씨는 감씨가 되고 꽃받침이 그대로 남아 있다. 매실나무와 복숭아나무는 가루받이를 하면 꽃받침도 떨어지고 씨방만 자란다. 사과나무와 배나무 열매는 꽃턱이 씨방을 에워싸며 자라고 꼭지에 꽃받침이 남아 있다.

열매 생김새는 나무마다 제각각이다. 사과나 배, 복숭아처럼 동글동글한 열매가 많다. 또 산딸기나 오디, 복분자딸기처럼 작은 열매가 다글다글 모여 붙은 것도 있다. 솔방울은 단단한 나무 껍질 같은 비늘잎이 겹겹이 쌓여 있다. 도토리는 모자같이 생긴 깍정이를 뒤집어쓰고 있다.

찾아보기

학명 찾아보기

우리말 찾아보기

가

나

다

라

마

바

사

아

자

차

카

타

파

하

참고한 책

《겨울눈이 들려주는 학교 숲 이야기》(노정임, 철수와 영희, 2012)

《고규홍의 한국의 나무 특강》(고규홍, 휴머니스트, 2012)

《나무백과 1~6》(임경빈, 일지사, 1977~2002)

《나무 쉽게 찾기》(윤주복, 진선books, 2004)

《나뭇잎 도감》(윤주복, 진선books, 2010)

《대한식물도감》(이창복, 향문사, 2003)

《도시의 나무 산책기》(고규홍, 마음산책, 2015)

《만학지 1, 2》(서유구, 소와당, 2010)

《무슨 나무야》(도토리, 보리, 2002)

《쉽게 찾는 우리 나무1~4》(서민환, 이유미, 현암사, 2000)

《역사와 문화로 읽는 나무 사전》(강판권, 글항아리, 2010)

《우리나라 나무 이야기》(이동혁, 제갈영, 이비락, 2012)

《우리 나무 백가지》(이유미, 현암사, 1995)

《우리 나무의 세계 1, 2》(박상진, 김영사, 2011)

《파브르에게 배우는 식물 이야기》(노정임, 철수와 영희, 2014)

《한국식물도감》(이영노, 교학사, 1996)

그린이

이제호 1959년 충남 부여에서 태어났다. 중앙대학교 회화과에서 공부했고, 《세밀화로 그린 보리 어린이 식물도감》,《세밀화로 그린 보리 어린이 동물도감》,《파브르 식물 이야기 1》에 그림을 그렸다.

손경희 1966년에 서울에서 태어났다. 동덕여자대학교 산업디자인과에서 공부했고, 《빨간 열매 까만 열매》,《내가 좋아하는 나무》에 그림을 그렸다.

찾아보기

학명 찾아보기

P

R

S

T

Z

우리말 찾아보기

가

나

다

마

바

사

아

자

차

카

타

파

하

참고한 책

《강태공을 위한 낚시물고기 도감》(최윤 외, 지성사, 2000)

《과학앨범 64-송사리의 생활》(웅진출판주식회사, 1989)

《그 강에는 물고기가 산다》(김익수, 다른세상, 2012)

《냇물에 뭐가 사나 볼래?》(도토리기획, 양상용 그림, 보리, 2002)

《동물원색도감》(과학백과사전출판사, 1982, 평양)

《동물은 살아있다 – 잉어와 메기》(토머스 A. 도지어, 한국일보타임-라이프, 1981)

《동물의 세계》(정봉식, 금성청년출판사, 1981, 평양)

《두만강 물고기》(농업출판사, 1990, 평양)

《라이프 네이처 라이브러리(한국어판-어류)》(한국일보타임-라이프, 1979)

《몬테소리 과학친구8-민물고기의 세계》(와타나베 요시히사, 한국몬테소리(주), 1998)

《미산 계곡에 가면 만날 수 있어요》(한병호, 고광삼, 보림, 2001)

《민물고기-보리 어린이 첫 도감③》(박소정, 김익수, 보리, 2006)

《민물고기를 찾아서》(최기철, 한길사, 1991)

《민물고기 이야기》(최기철, 한길사, 1991)

《물고기랑 놀자》(이완옥, 성인권, 봄나무, 2006)

《비주얼 박물관 20-물고기》(웅진미디어, 1993)

《빛깔 있는 책들128-민물고기》(최기철 외, 대원사, 1992)

《사계절 생태놀이》(붉나무, 돌베개어린이, 2005)

《세밀화로 그린 보리 어린이 동물도감》(도토리기획, 보리, 1998)

《세밀화로 그린 보리 어린이 민물고기 도감》(박소정, 김익수, 보리, 2007)

《수많은 생명이 깃들어 사는 강》(정태련, 김순한, 우리교육, 2005)

《쉽게 찾는 내 고향 민물고기》(최기철, 이원규, 현암사, 2001)

《아동백과사전(1~5)》(과학백과사전종합출판사, 1993, 평양)

《우리가 정말 알아야 할 우리 민물고기 백 가지》(최기철, 현암사, 1994)

《우리말 갈래사전》(박용수, 한길사, 1989)

《우리나라 위기 및 희귀동물》(과학원마브민족위원회, 2002, 평양)

《우리나라 동물》(과학원 생물학 연구소 동물학 연구실, 과학지식보급출판사, 1963, 평양)

《우리 물고기 기르기》(최기철 글, 이원규 그림, 현암사, 1993)

《유용한 동물》(최여구, 아동도서출판사, 1959, 평양)

《은은한 색채의 미학 우리 민물고기》(백윤하, 이상헌, 씨밀레북스, 2011)

《원색 한국담수어도감(개정)》(최기철 외, 향문사, 2002)

《은빛 여울에는 쉬리가 산다》(김익수, 중앙M&B, 1998)

《조선말대사전》(사회과학출판사, 1992, 평양)

《조선의 동물》(원홍구, 주동률, 국립출판사, 1955, 평양)

《조선의 어류》(최여구, 과학원출판사, 1964, 평양)

《초등학교 새국어사전》(동아출판사, 1976)

《초록나무 자연관찰여행-여러 민물 생물》((주)파란하늘, 2001)

《춤추는 물고기》(김익수, 다른세상, 2000)

《특징으로 보는 한반도 민물고기》(이완옥, 노세윤, 지성사, 2006)

《한국동식물도감 제37권 동물편(담수어류)》(교육부, 1997)

《한국민족문화대백과사전》(한국정신문화연구원, 1995)

《한국방언사전》(최학근, 명문당, 1994)

《한국의 민물고기》(김익수, 박종영, 교학사, 2002)

《한국의 자연탐험 49-민물고기》(전상린, 이선명, 웅진출판주식회사, 1993)

그린이

박소정

1976년 강원도 춘천에서 태어났다. 성신여자대학교에서 서양화를 공부했고, 2003년부터 동식물을 세밀화로 그리고 있다. 《민물고기》(보리 어린이 첫 도감③), 《세밀화로 그린 보리 큰도감 민물고기 도감》, 《내가 좋아하는 바다 생물》, 《알고 보면 더 재미있는 물고기 이야기》에 세밀화를 그렸다. 그림책 《상우네 텃밭 가꾸기》, 《나 혼자 놀거야》를 쓰고 그렸다.

감수

김익수

1942년 전라남도 함평에서 태어났다. 서울대학교 사범대학과 대학원에서 생물학을 공부했고, 중앙대학교에서 이학박사 학위를 받았다. 전북대학교 자연과학대학 생물학과 교수를 지냈으며, 한국어류학회 회장과 한국동물분류학회 회장을 지냈다. 《한국동식물도감 제37권 동물편(담수어류)》, 《원색 한국어류도감(공저)》, 《한국의 민물고기(공저)》, 《한국어류대도감(공저)》, 《춤추는 물고기》, 《그 강에는 물고기가 산다》를 썼다.